TEACH MY CAT TO DO THAT

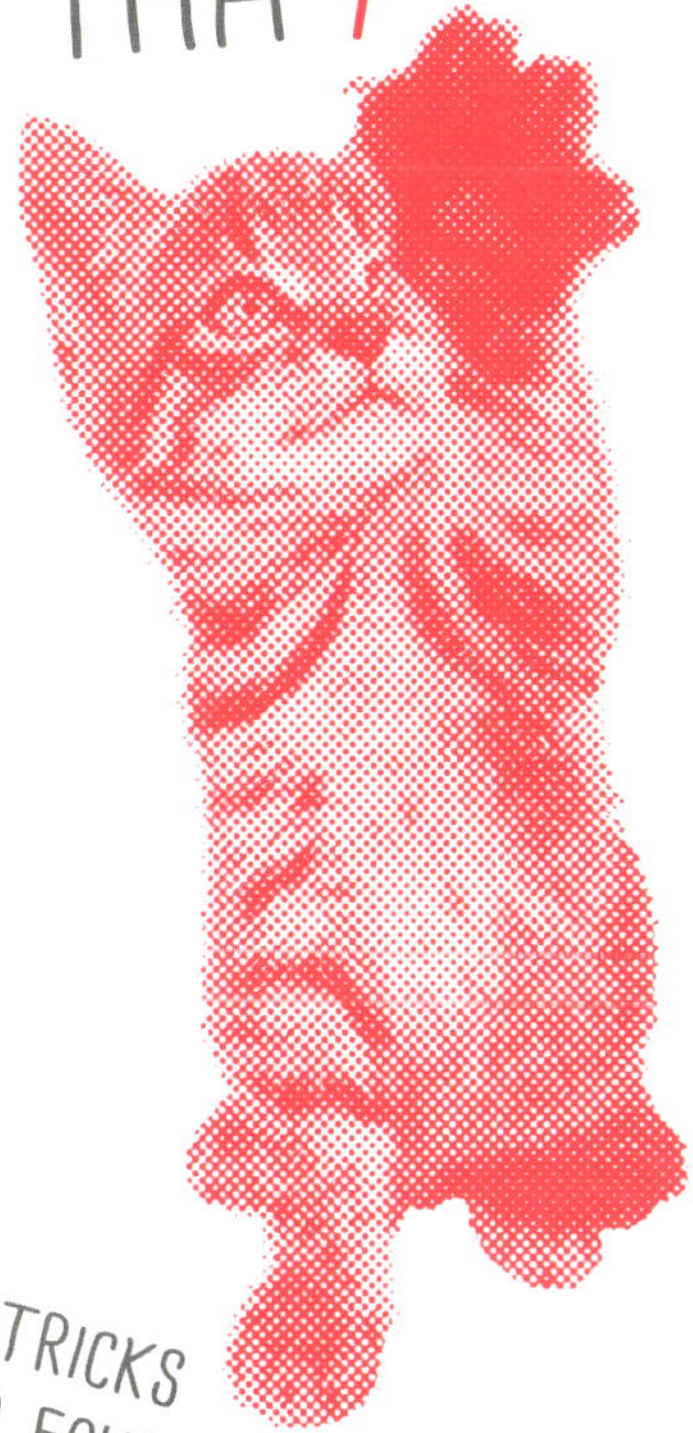

SIMPLE TRICKS FOR YOUR FOUR-LEGGED FRIEND

猫にもできる超簡単トレーニング

ジョー＝ロージー・ハフェンデン
＆ナンド・ブラウン 著
川口富美子 訳

X-Knowledge

TEACH MY CAT TO DO THAT
by Nando Brown and Jo-Rosie Haffenden
First published 2017 by Boxtree, a imprint of Pan Macmillan,
a division of Macmillan Publishers International Limited.
Copyright© Plimsoll Productions 2017

Japanese translation published by arrangement with Pan Macmillan, a part of
Macmillan Publishers International Limited through The English Agency(Japan)Ltd.

ブックデザイン　米倉英弘（細山田デザイン事務所）
DTP　佐野加代子
翻訳協力　トランネット

目次

※本文中［　］内は訳注を表す。

本書に寄せて――アレキサンダー・アームストロング

[コメディアン、俳優。動物好きで知られ、イギリスの人気テレビ番組『Teach My Pet to Do That』の進行役をつとめている]

「あなたは猫派？　犬派？」と聞かれると、私はいつも返答に困ってしまいます。正直言って、**どちらも**大好きだからです。物心ついたときから、犬や猫と暮らしてきましたが、両者に期待する行動は異なります。もし長い散歩に出て、猫がずっと後ろをついてきたらなんとなく落ち着かない気持ちになるでしょう。同様に、台所のテーブルで新聞を読もうとする度に、犬が飛び乗ってきて紙面に座り込み、体を私の顔にすりつけてきたら、私の愛情不足のせいではないかと疑ってしまいます。私たちは、自分の知識をもとに、この動物ならこういう行動をするはずだと決めつけてしまいがちですが――この優れた本が実証しているように――おそらく、ペットを過小評価して見くびっているのです。何世紀も前から知られていることですが、動物は、実に素晴らしいスキルを身につけることができます。簡単なコマンド〔声による指示〕によって、羊の群れを見事に集める牧羊犬がしかり。BGT〔『ブリテンズ・ゴット・タレント』。イギリスで人気のオーディション番組〕の審査員やお客を前にあっと驚く芸を披露した、人気犬パッツィーもしかりです。しかし、さすがに本書の著者、ジョー＝ロージーとナンドが、難しいダンスの振り付けを鶏に教え、部屋に散乱したものをバスケットの中に片づける芸をカラスに教えこんだのを見たときには、ここまでできるのかと思い知らされました。私たちの目の前には、ペットと一緒に体験できる大きな世界が広がっています――それは、私たちとペットが、すぐに覚えられる簡単なトレーニングテクニックを通じてたどり着ける世界です。

犬はしつけをしやすい、とよく言われます。なぜなら犬は――さて、何と言いましょう――従順だから？　それに比べて猫は、賢すぎて人間の言いなりにならない――優秀すぎるんです。猫のガーフィールド〔米国のアニメの主人公〕はいつだって、すぐに興奮してピョンピョン走り回るオディ〔ガーフィールドの親友の犬〕より、はるかにしっかりとその場の状況を把握しています。まあ、ガーフィールドの生みの親ジム・デイビスは、明らかに「猫派」なんでしょうね。でも、ガイド犬や、捜査犬、セラピー犬などのことを考えれば、すべての犬を「お気楽」だと決めつけられないことは容易にわかることですが。それより、ここで言いたいのは、猫をしつけることは可能だということです。トレーニングしだいで、どんな動きでも覚えさせることができるのです――あなたの猫が、毎日どれだけのルーティンをこなしているか想像してみてください。私はこれまでの人生で、おそらく12匹以上（あっ！　愛猫に聞こえちゃうかな？）の猫を飼ってきましたが、どの子もみんな完璧で、それぞれちょっとした独自の芸を持っていました。ドアや窓を開けてあげると「ありがとう」と言う子もいましたよ――中に入りたがってニャーニャーと鳴き、こちらが折れて開けてあげると、通り抜けざまに喉を小さく鳴らして声を出すのです。

私にはそれが「ありがとう」と聞こえました――そんな猫はもう2度と現れないかもしれません。重要なのは、猫は人間から愛情を注がれることが大好きで、おやつが大好き（これにはガーフィールドだって大きく頷くはず）だということです。だからある行動ができたら、ごほうびをあげるという直接的な方法で、一連の学習を積み上げていくのです。

トレーニングを通じて動物との絆を深めることは、崇高で、本当に特別なことです。それは、愛する動物と単に楽しく過ごすだけではなく、あなたと動物の関係をまったく違うレベルに高めていくことであり、互いの理解をゆっくりと深め合い、「ペットと飼い主」の関係から、喜びや達成感を共有する「パートナー」になっていくということです。その相手が、「なつきにくい」と考えられている猫であれば、なおさら特別でしょう。まずは簡単にできそうな目標を立てて挑戦してみれば、進歩の速さに驚くはずです。そして常に覚えていてください。鶏にダンスができるのなら、猫には「なんだって」できるのです！　楽しみましょう。幸運を願っています。

はじめに

たいていの人は、「猫」と「教える」という言葉は結びつかないものだと思っています。私たちはこれまでにたくさんの国を訪れ、ペットやその飼い主さんたちに会ってきましたが、どこに行っても、猫について聞くのは、そっけないとか、横柄だとか、人を見下したような態度をとるといった、似たようなものばかりだと感じます。飼い主さんたちにとって、忠実で人なつっこい犬は親友のような存在ですが、猫はどちらかと言えば、しぶしぶ一緒に暮らしている意地悪な同居人といった感じです。これはインターネットを見てもわかります。「犬、芸」と検索すれば即座に、その従順さや見事な芸で名を馳せるジギー・トリックやジャンピーといったスター犬にヒットし、対する猫はと言えば、グランピー・キャット——単に不機嫌な顔をしていることで有名——です。猫が人を見下したような表情をして、テーブルの上にあるコップを落とし、割れるのを眺めている人気動画は、おおかたの人の猫に対するイメージそのものでしょう。

さて、猫が犬と違うのは事実で、とりわけトレーニングとなればその違いは明らかですが、実際には犬と同様、猫も学習が可能です。ただし、日々のトレーニングを進める上で必要なアプローチは、猫に合った方法をとらなくてはなりませんし、それぞれの猫がまったく同じ方法でトレーニングできるわけではありません。でも、あなたが猫を——犬ではなく！——をトレーニングしているのだということを忘れなければ、猫をトレーニングすることはじゅうぶん可能なことです。さらに言えば、猫はトレーニング**できる**だけでなく、トレーニングが大好きなのです。

芸を教えるトレーニングの過程で、自分の飼い猫のまったく新しい一面——信頼と愛情と互いを尊重し合う気持ちを根底に築かれた新しい関係——が見えた、という話を、私たちはこれまでに幾度となく耳にしてきました。トレーニングの第1段階は、自分の猫は何が好きで、何をしているときが幸せで、どんな環境が必要かを学ぶことから始まります。この大切な基本要素を理解しておけば、トレーニングは猫への理解を深めるための、素晴らしい手段となるでしょう。さらには、芸のトレーニングによって猫が幸福に満たされ、あなたと猫の関係に変化が現れたことにも気づくはずです。

トレーニングをすれば、すぐに猫が犬のように舌を垂らして棒の後を追いかけ始めるとは言えませんが、本書で学びながら猫とじっくり関わることで、あなたと猫の関係はより深く、より豊かになっていきます。そうやってトレーニングに時間を費やすうち、ひょっとしたら、猫があなたを驚かせてくれるかもしれません！

素直に認めましょう。彼らはたしかに気分屋で、強情で、ときにはあからさまに人を無視します。それでもやっぱり、私たちは猫が大好きなのです。

ジョー＝ロージー＆ナンド

猫と犬の違い

犬が、その頭の良さを称賛され、「人の最良の友」という肩書を獲得した一方で、猫は「気まま」「言うことを聞かない」というレッテルをいつから、なぜ、貼られるようになったのでしょうか？　このような神話はどこで生まれたのでしょう？

動物の家畜化の歴史をたどると、人が定住を始めた時代までさかのぼります。犬は人間のそばで暮らすことで、大きな利益が得られることを学びました。人間が捨てる食べ残しが犬にとって、突如として現れた大きな食料源となったのです。しかし、猫はというと、少し話が違います……。

人間は作物の栽培をするようになりました。畑を作り、食用のおいしい作物を育てると、そこにネズミがやってきました。『トムとジェリー』のファンならおわかりだと思いますが、ネズミがいるということは、その後を必死で追いかける猫がいるということです。この家畜化の歴史の違いが、猫と犬の性格の違いの基盤となっています。人間を新しい食料供給源とみなした犬とは違い、猫は抜け目なく人との直接的な接触を避け、人家に近い畑をうろつきました。畑や収穫物の近くで暮らしたことは進化論的に見ても理にかなっており、人間を避けることは猫にとっても有益なことだったのです。

犬は、人間にぴったりくっついていることが、最高の食べ物にありつく最良の方法であることを発見しましたが、猫は人間と距離を置き、状況を見極めることが、最終的には種の繁栄につながる手段であることを学びました。猫は確実に生き残るため、場所を選び、その一帯に、首や肉球、口の両脇にある臭腺から出るにおいをつけました。そして、このにおいがついたエリアを、自分の縄張りにしたのです。猫は集団で狩りをしないので、自分の狩場を、命がかかっているかのように必死で守ります――かつては、実際にそうだったのですから！

つまり、人間に依存しないで生きることは、猫にとって自然なことで、自分の生活圏をしっかりと把握したがることも、猫にとっては当然のことなのです。猫は一種独特な動物で、犬の多くがとてもおおらかなのに対して、猫は非常に細かいルールの中で暮らしています。彼らは変化や、想定外の展開、危険そうな場所を好みません。そのことを念頭において、トレーニングを始めることが重要です。

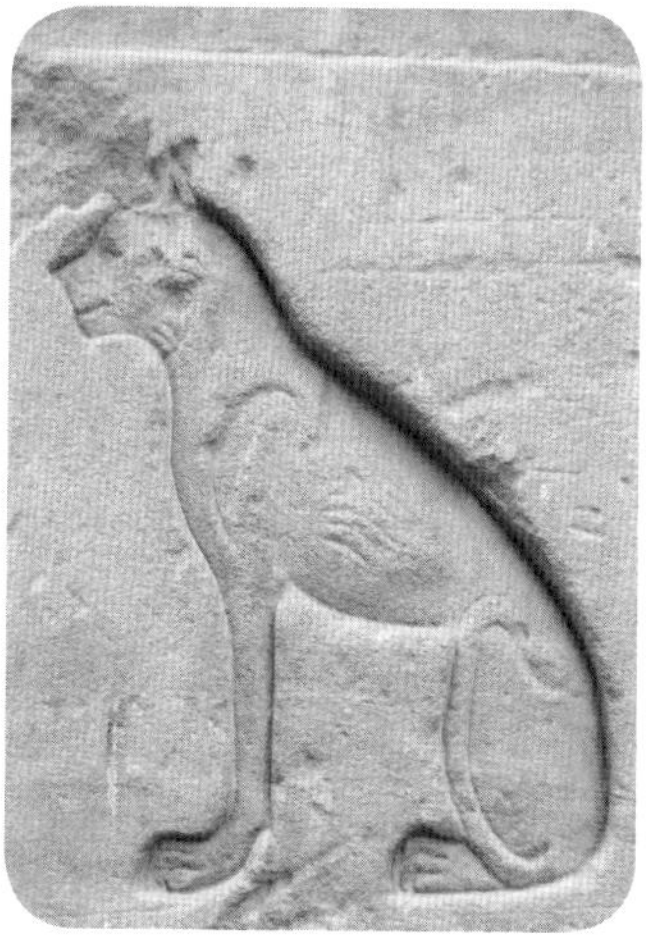

飼い猫が幸せに暮らすための5つのルール

1

食いしん坊だけど、少しずつ何回も食べたい

猫は人目を盗んで狩りをしますが、狩りをしようと探検に出ても戦利品はほとんどありません。ですから、食べ物がありそうな場所を把握しておくことが、とても重要になります。猫の胃は少量の食べ物を何回も食べるようにできていて、本来はちょっとずつ、1日に12回から20回食べるのです。科学的に言えば、実際に猫の問題解決力は犬よりも優れており、おいしいものを得た場所を覚えておくことで生き残ってきました。さらに言えば、犬とは違い、食べ物に対する優れた自制力を持っています。猫に食べ物を与える最善の方法は、絶えず新鮮な食べ物を置き続けておくことだって知っていま

したか？　そうなんです！――犬だったら食べ続けて肥満になってしまうかもしれませんが、猫は自制力に長けているため、体が必要とする分だけを食べるのです。

2 常に清潔で新鮮な水を、食べ物から離して置いて

猫にとって、清潔で新鮮な水はたいへん重要なものです。さまざまな遺伝的、生理的な問題――猫は腎臓や肝臓の病気になりやすく、尿路感染症や膀胱炎にも感染しやすい――から、清潔な水を飲ませないと、文字通り猫を殺してしまう結果になりかねません。当然ながら、この生物学的な必要性が、猫に水を飲むことを強く認識させ、実際には知らない飼い主さんも多いのですが――清潔な水は生死に関わる重要なものなので――食べ物と水を一緒に並べておくことは、猫に大きなストレスを与えるのです。

3 秩序を乱さないで。物の配置を変えないで

ちょっとした家具の配置変えが、猫のノイローゼの原因になることもあると言うと、多くの飼い主さんは笑い飛ばします。足裏などで自分の縄張りを知る能力で、猫は生き延びてきました。猫は単独で狩りをし、首や肉球にある臭腺から出るにおいでマーキング（縄張りを示すこと）をします。そうです！　猫がソファに爪を立てるのは、爪を研ぐためでも、人に嫌がらせをしているわけでもなく、自分の狩場を確保するため、縄張りにマーキングをしているのです。環境を把握する――狙われやすい場所や、獲物がとれる場所を知る――ことは、大きな必要性があってやっていること。それがわかれば、猫がこれほどまで変化を嫌うことに、少しは頷けるようになるはずです。

4 生活パターンを変えないで。いえ、どんなことも変えないで

ルーティン（日課。日々くり返す作業）についても、同じことが当てはまります。猫の

行動パターンは、エサがもらえる時間、水や遊びがある場所を目印にしています。ルーティンを通して、猫は人間の世界での生活を理解しているのです。猫は人間のように時間がわかるわけではありませんが、それでも時間という概念はわかっています。その証拠に、猫はいつ狩りをすべきか、いつ捕まえた動物が腐るかがわかります。家で飼われている猫は、朝晩にごはんがもらえることもわかっていて、飼い主が行方不明になってしまったときや、飼い主が赤ちゃんの世話に忙しく、待っていてもごはんがもらえなかったりすると、家出をして、どこかに行ってしまうこともあるのです！

5 飼い主さんとハンティング・ゲーム《狩りごっこ》をして遊びたい

狩りは猫にとって必要不可欠なもの。目と耳と鋭い嗅覚を使って獲物に的を絞り、こっそりと背後に回り、気づかれずに可能な限り接近し、獲物が気づいて逃げたら全速力で追いかけ、最終的には歯を使って獲物を仕留め、口にくわえて安全な場所に移し、最後に解体して食べる、という一連の行動をします。

一連の狩猟のための行動が、生物学的に強化された（種の繁栄に不可欠な行動だった）ため、

彼らの体もまた、この行動を求めています。家の中や猫が多く暮らす都会、他の猫と一緒、といった生活環境で暮らしていると、「獲物を見つける」「後を追う」「追いかける」「噛みつく」「噛み殺す」「口にくわえて移動する」「解体する」「食べる」といった動作を練習する機会があまりありません。愛情にあふれた飼い主さんなら、釣り針のかわりに羽のようにフワフワしたものがついたおもちゃの釣り竿などを使って、これらの動きを練習する機会を猫に与えてあげるはずです。一緒に遊べば、あなたと猫の絆が深まることは間違いありません。

遊ぶ際には、一連の猫の動作の順番を覚え、それぞれの動作に合わせて、おもちゃを獲物に見立てて動かしてみてください。猫がおもちゃに狙いを定めたら、獲物がゆっくりと動き回っているように動かし、猫が忍び寄ってきたところで動きを止め、最後に、猫がおもちゃの目の前に近づいた瞬間に獲物がダッシュするように動かして、猫に後を追いかけさせるのです。猫がおもちゃを掴んだら、少しの間おもちゃと格闘させ、最終的にはおもちゃを「仕留め」させ、勝利のパレードをさせてあげましょう。猫は思う存分遊ぶことができ、言葉が喋れれば、きっとあなたに「ありがとう」と言うはずです！

おもちゃで遊んで狩りの本能を
満たしてあげましょう。

猫が飛びつきそうになった瞬間に
おもちゃを動かして追わせます。

猫を選ぶ
最高の生徒を見つけよう

猫の脳は犬ほど大きくありませんが、大きさがすべてでないことは、猫自身が証明してくれています。脳の中の問題解決の際に使われる部分では、犬よりも猫のほうがより多くのニューロン〔神経細胞。神経系を構成する基本単位で、発火の頻度が高いほど、ある情報を確実に他の細胞に伝えていると考えられている〕の発火が見られたのです。さらには、基礎的な問題解決力と「おやつ探し」のテストをすれば、犬よりも猫のほうが優れた結果を出すことが予測される、という研究結果もあります。どういうことでしょう？　だったらなぜ、人気オーディション番組『ブリテンズ・ゴット・タレント』に登場するのは犬ばかりなのでしょうか？

すでにお話ししましたが、猫に「言うことを聞かない」という肩書がついたのは、その家畜化の過程に端を発しています。でも、たとえ猫に鮮やかに芸を決める能力があっても、飼い主に対する関心度（飼い主がやっていることに対する興味）が低い傾向にあるため、ささらには初めての状況やいつもと違う環境で芸をすることに対して慎重になるために、芸をしなくなってしまうことがよくあるのです。簡単に言えば、猫は危険や変化につながる、新しいものや新しい環境を好まないのです。だからと言って、猫が犬と同じくらい見事に芸を決められそうな気持ちになる環境を、あなたの家で作れないかと言えば、そんなことはありません。

外出先でも堂々と芸ができる猫になってほしかったら、まずそれにふさわしい子猫や成猫を選び、環境に慣れさせることが一番確実な方法です。

すべての猫がスポットライトを浴びるために生まれてくるわけではない

人間と同様に、猫にもそれぞれ個性があります。個性は生物学的、環境的、学習的な要因が混ざり合って生じるので、すごく気弱な子もいれば、すごく勇敢な子もいて、残りの大部分は、その中間のどこかに当てはまります。その結果、人間と同じく、猫にも喜び楽しんで難しい芸をトレーニングしたがる子もいれば、そうでない子もいるのです。あなたの猫のトレーニングに対する適性を見分ける方法や、どの猫にも使えるテクニックは、この後で紹介します。ただし、他の品種と比べてトレーニングがしやすい品種があるということは、覚えておいたほうがいいでしょう。

生物学的な要因に関しては、人間がある特別な外見を作り出すために、猫の特定の遺伝子を操作しているということを覚えておいてください。特定の外見的特徴（例えばスコティッシュ・フォールドの折れ曲がった耳や、マンクスの短く丸まった尾など）に関係のある遺伝子グループは、同時に特定の性格的特徴にも関係するのです。そう考えれば、社交的で、

人間に関心を示し、好奇心が強い傾向のある品種を選ぶことで、トレーニングはたしかに楽になるでしょう。純血種のサバンナやトイガー、そして私たちもお気に入りのトレーニング猫、ベンガルはすべてこれに当てはまり、意欲の高めやすさに関しても群を抜いている傾向があります。つまり、その猫が才色兼備なら前途洋々、と言えるわけです。芸のトレーニングにはこれらの品種がよく好まれますが、非常に高額な値札がついているのも事実で、おまけに、飼うとなればとんでもない維持費がかかるのです！　彼らは普通の猫と比べて、精神的な刺激も、健康や安全に配慮した運動もはるかに多く必要です。さらに、これらのインテリ猫の飼い主さんの多くは、愛猫が盗まれることや車に轢かれることを恐れて、室内飼いを選びます。このような心配をするのは当然のことで、猫が必要とする環境を確保してあげるためには、犬と同じくらい多くの時間を費やさなくてはならないのも事実です。

シャムやトンキニーズといった品種もトレーニングがしやすく、同じカテゴリーに入れることができますが、鳴き声が極端にうるさく、人間の子供くらい手がかかるので、そういったことに責任の持てる飼い主さん向けでしょう。トレーニングがしやすいカテゴリーに分類できる、これらすべての品種は、「飼いやすさ」の部門では高い評価は望めません。これはスフィンクスという品種にも当てはまります。この、ナンドと同じくらい毛がなくツルツルで、人目を特に引く猫を飼えば、「トレーニングしやすい猫ほど手がかかる傾向がある」という言葉にも納得できるはずです。

野生猫の血筋の猫や、レックスのように飼い猫としての歴史が浅い血統の子猫や成猫も美しいのですが、トレーニングのパートナーとしては不向きな傾向があります。人間になつくかどうかの可能性の扉は、それぞれの猫の遺伝的背景によって作られるため、飼い主が社交性向上のための最高のプランを用意しても、野生猫の血を強く引く子猫には効果が出ていません。私たちが動物病院で働いていたときに目にした多くの野生猫の子猫たちは、誰かの手で育ててもらう必要があるのに、結局人間に飼われることにおびえ、極度に委縮したままでした。

トレーニングのしやすさと、飼いやすさのバランスを考えると、社交性のある雑種猫にはかないません。気立てが良く人なつっこい両親の間に生まれ、自信に満ち、慎重に選ばれた「ハインツ57」［ハインツ社のキャッチコピーの一部で、57種類の瓶詰のこと。転じて、雑種犬や雑種猫のことを指す］なら、長いトレーニングの道を歩むことも可能です。しかも、血統書つきの猫のように、家の中をめちゃくちゃにしてカオス化させることもありません。

トレーニング向きの子猫を見つけるのなら、まずは保護団体を訪ねてみるというのもいい考えです。親を亡くしたり親から見捨てられたりしたために、人間の手で育てられた子

猫は、素晴らしいトレーニング猫になります。猫に自然に人間への関心を持たせるには、長い道のりが必要ですが、保護センターにいる成長期のチビちゃんたちは、生きるために人間に高い関心を持たざるを得ないのです。

もし、ブリーダーさんのところで生まれた赤ちゃんを引き取ってトレーニングしようと思うなら、必ずその両親に会いに行ってください。猫というのは最高に機嫌がいいときでも、見知らぬ人にはいくらか慎重になるものですが、子猫の両親は、おおらかで自信と好奇心にあふれた猫でなければなりません。親猫に近づいていったら、あなたが身につけているもののにおいをくんくんしながら愛情を求めて近づいてくる、そこまでいかなくても、せめてあなたがどういう人間か確かめようと興味を示して、近くをうろうろしてほしいですね。ブリーダーさんの周りを元気に動き回っている親猫や、かまって欲しそうにしている親猫なら理想的です――ブリーダーさんの足にすりすりしている猫、ブリーダーさんに向かってニャーニャー言っている猫、そして一般的に明るい性格の猫なら期待できます。もし、トレーニングをしたいと考えて猫を探しているのであれば、頭を低くして身構える、「シャーッ」と威嚇的な鳴き方をする、耳を横にぴんと立てる、ガラガラヘビのように尾を震わせる、といった行動をする親がいる子猫はおすすめできません。また、犬がしっぽを振るのと同じように猫が喉を鳴らして出すゴロゴロという音もこうした目安の1つになりますが、この音は必ずしもご機嫌なときだけに出すものではありません。猫はストレスが多くたまっているときにもゴロゴロという音を出します。ブリーダーさんのところで猫を選択するのなら、これらのことを念頭に置き、親の態度と性格をしっかり確かめてください。

あなたが選ぶ猫は、賢くなくてはいけません。ブリーダーさんに、1番先に箱から逃げ出したのはどの子か、一番早く乳離れしたのはどの子か、一番遊ぶのはどの子かを尋ねてください――そういう子こそ、あなたが求めている猫です。子猫の場合、月齢が低く、生意気そうでよく遊ぶ子がトレーニングに向いています。ペットとして飼うだけなら、もっとバランスのとれた性格で、心のやさしい子猫も素晴らしいのですが、食い意地が張ってトラブルばかり起こす、やんちゃでサルのようなおチビさんは、あなたが探し求めていた、猫界のアインシュタインになるかもしれないのです！

保健所（あるいは動物愛護センター）に収容されている猫の場合にも同じことが当てはまります。芸を覚えさせる猫を保健所で見つけるのは言うまでもなく素晴らしいことです――――道徳的な理由だけでなく。その場合はすでに性格のできあがった猫の中から選択をすることになります。ほとんどの猫が、逆境を経験し、保健所の管理のもとで生きています。それでも、社交的で食べ物に関心を示す子なら、勇敢で、施設で世話をしてくれている人

たちに興味を示す子なら、あなたを勝利の道に導いてくれるでしょう。

でも、自分の猫がトレーニング向きかどうか、どうやってテストすればいいのでしょう?

適性診断テスト

あなたの猫はトレーニングに向いているか？

猫の知能テストなどというものは存在しません。能力の優劣の基準はその動物によって異なるもの。あなたの猫が本当に優秀かどうかを調べようと思ったら、縄張りの広さ、産んだ子供の数、生涯に自分で調達した食べ物の量や狩りの能力を測定してから、同じような環境で暮らし、同じ年齢まで生きたほかの猫と比較するしかありません。

本章で調べるのは、トレーニングに対する適性です。トレーニングしやすい猫には、次の4つの特徴があります。

飼い主に対する関心度が高い――人間と一緒に「チーム」を組んで何かに取り組むことを好む猫。

前向きな性格――トレーニングに向いているのは、常に「きっとできる」という気持ちでのぞむ猫。この気持ちから「あきらめないでやってみよう」という姿勢が生まれ、トレーニングでちょっとした壁に突き当たっても楽しむことができるのです。

物おじしない態度――自信家であることに加え、新しいことに挑戦する好奇心や熱意がある猫。

食べ物に対する執着心がある――食べ物に釣られてやる気を出す猫は、トレーニングしやすく上達が早いものです。

これからあなたがトレーニングしようと思っている猫に、4つすべての資質が必須というわけではありませんが、すべてのテストで高スコアが出せた猫なら、トレーニングが成功する可能性はとても高いと言えるでしょう。どのテストでも芳しい結果が出せなかった場合は？　そうですね……。つんとすました姿を写真に撮ってネットにアップするほうが、手っ取り早く人気者になれるかもしれません！　でもたいていの猫は、いずれかのテストで高スコアが出せるはず。であれば、トレーニングは絶対に可能です。そのためには、苦手分野を伸ばせる練習法を見つけてみましょう。

飼い主に関心はあるか？

1 フードボウルを用意します。

2 おいしいおやつで猫を引き寄せます（例えばツナ味のフードなど、香りが強く猫が誘惑されやすいおやつがおすすめ）。

3 おやつをボウルの下に置きます。

4 猫がボウルに近づいた瞬間に、おやつが見えるようにボウルを斜めに持ち上げ、その状態を保ったまま、おやつを最後まで食べさせます。

5 次のおやつをボウルの下に置きます。ただし今度はボウルを持ち上げません。

6 猫が助けを求めるまでに何秒かかるか、声に出して数えましょう。助けを求めるとは、①3回連続して、あるいは3秒以内に、あなたのほうを見ること。②甘えるようにニャーンと高い声で鳴くこと。実はこれは、猫が人間と暮らすようになってから身につけたもので、人間の気を引くための鳴き方だと考えられています。③ボウルではなく、あなたの足元を爪で引っかくこと。

スコア

1〜3秒　その子の世界はあなたを中心に回っています。（3ポイント）

3〜10秒　友達レベルの関係。（2ポイント）

10秒以上　食べ物をくれるならもらうけど、媚びるつもりはありません。（1ポイント）

飼い主に対する関心度を高めるには

釣り竿タイプのおもちゃを買ってきましょう。これは猫にとって最高に楽しい遊びです。釣り糸の先についたフワフワのぬいぐるみを猫から逃げ回る生き物のように動かすのです。あなたとハンティング・ゲームをして遊ぶことで、ドーパミン（猫を興奮させ、もっと遊びたい気持ちにさせる）が分泌されると同時に、互いの絆を深めるのに役立つオキシトシンも分泌されます。猫が狩りに興味を示さない？　その場合は、おやつを手から食べさせて、あなたの近くにいたいという気持ちを高めてあげましょう。

ボールの"下"におやつを置きます。

猫が近づいたらボールを傾け、食べさせてあげましょう。

プラス思考か？　マイナス思考か？

1 フードボウルを2つ並べます。

2 猫が大好きな、とびきりおいしくて、いいにおいのする食べ物（ここでも魚がおすすめ）を用意します。

3 魚を一口大に切ります。

4 猫を部屋に入れる前に、1つのボウルに魚を入れ、そのボウルを壁の近くに置きます。

5 何も入っていないボウルを、反対側の壁の近くに置きます。このとき、空のボウルが食べ物の入ったボウルよりも入り口の近くになるように置いてください。

6 猫を部屋に入れて、食べ物を食べさせます。

7 左手側のボウルに入った魚を食べ終えた後、もうひとつの空のボウルの中を確かめに行くかどうか見てみましょう。

8 このテストを4日以上続け、食べ物が入っていないボウルのところに、何度行ったかを数えます。

スコア

4日のうち4日とも空のボウルに近寄っていった。または、空のボウルをのぞき込んで食べ物がないかどうか確かめようとした。 あなたの猫はプラス思考そのもの。世界の素晴らしさを証明するためなら何でもやっちゃうタイプです。（**3ポイント**）

4日のうち2〜3日、空のボウルのところに食べ物を探しにいった 期待はするけど現実主義者。とりあえずやってはみるけど、たかが数切れの魚のために、食いしん坊のラブラドール犬みたいな真似はしたくないタイプ。（**2ポイント**）

空のボウルのところに0〜1日しか行かなかった 僕は人間には気を許さないよ。いろいろな缶詰を開けても、どうせ僕にはくれないでしょ！（**1ポイント**）

マイナス思考の猫をプラス思考にするには

ときには幸運が舞い込むこともある、ということを学ばせなくてはいけませんね。プラス思考にしてあげるためには、まず毎日の食べ物を2等分します。半分はいつもと同じお皿であげて、残りの半分は、丸1日かけて少しずつ、ごほうびとして与えましょう。例えば猫が外にいるときなら、中に入るように呼んでお皿にほんの少し食べ物を入れてやります。あるいは、やさしく撫でてあげた後、ちょっとしたおやつとして与えます。さらには、猫専用のドアの内側に隠しておいてあげれば、狩りから手ぶらで戻ってきた猫にはうれしいサプライズとなります。大満足だニャン！

1 フードボウルを2つ用意しましょう。

3 そのうち1つには魚などのおやつを入れます。

勇敢か？ 臆病か？

臆病な猫にとっては、このテストは簡単ではありません。――すでにあなたの猫がビビリだとわかっていたら、このテストは飛ばして、棚の開け閉めや鍋の出し入れ、その際に出る音で猫を怖がらせてストレスを与えるのは控えましょう。

1 台所の鍋をしまってある棚を開けます。

2 棚から平鍋や深鍋を半分取り出し、台所の入り口周辺から棚の前にかけて積み上げます。

3 粒状のフード、あるいは薄くスライスしたソーセージなどのおやつをひと掴み、平鍋や深鍋の周りと、棚の中に置きます。鍋の中にも数粒入れてください。

4 猫を呼び入れて、部屋の中を探検させましょう。

スコア

鍋の中も含め、すべてのおやつを食べきった　猫界のコロンブス。（3ポイント）

棚の周辺や中のおやつは食べたけど、鍋の中のおやつは食べなかった　冒険好きのドーラ（ア

メリカのアニメ『ドーラといっしょに大冒険』の主人公）（**2ポイント**）

鍋の周りのおやつだけ食べ、鍋の中や棚の中のおやつはあえて食べようとしなかった　ビビリさん（**1ポイント**）

超ビビリの猫には

鍋を使ったトレーニングを毎日行いましょう。おやつ探しが猫にとってちょっとした冒険になるように、毎回新しいものや、違う質感のものを追加してください。朝晩の食事を少し取り分けて、猫が探せるように家のあちこちに隠しておくことも、好奇心を持たせるには効果的です。

1

棚から鍋類を取り出し、扉の前に積み上げましょう。おやつを鍋の中や外、棚の内部などに置きます。

2

猫に思う存分周囲を探検させましょう。

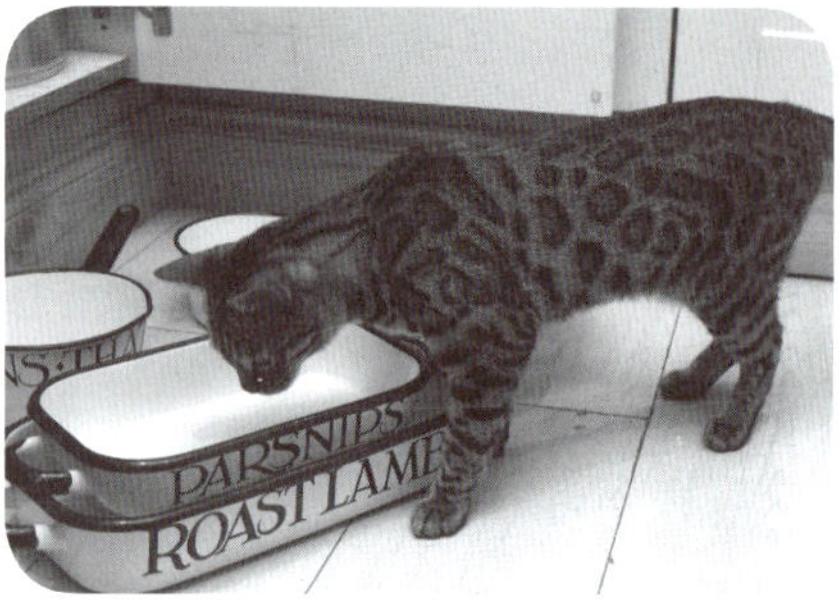

3

鍋の中のおやつまで食べるのは、かなり冒険心のある証拠。

食べ物に釣られるタイプか？

1 おやつを10個用意します。

2 まずおやつを1つ食べさせます。

3 2分経っても、猫がおやつを欲しがってまだ近くをうろうろしていたら、もう1つおやつをあげます。

4 同じことをくり返しますが、今度はおやつをあげるまでの間隔を4分にします。その次は6分という具合に待ち時間を増やしていきます。

5 おやつが最後の1つになったら、猫はひとかけらのおやつのために20分近くも待ったことになりますね！

スコア

あきらめずに8個以上食べた　食いしん坊のラブラドール犬並み。（3ポイント）

5〜7個までがんばった　興味はあるんです。（2ポイント）

5個食べる前にギブアップ　この夏、ビキニを着るためにダイエット中？（1ポイント）

食べ物にあまり興味を示さない猫には

おやつをいろいろ変えて試し、特にやる気を出すものがあるか調べてみましょう。どこでも売っている安価な普通のおやつではテストがうまくいかないなら、ナチュラル・インスティンクト社の、生タイプのおいしいおやつをおすすめします。また、ベーコンやソーセージなどの、人間用の食べ物も試してみてください。それでもそっぽを向いているようだったら、かわりにおもちゃで遊んであげるのもいいかもしれません。この場合、トレーニングには時間がかかりそうですが。

総合評価

9ポイント以上　猛スピードでトレーニングの道を駆け上るでしょう。ジェリーを追いかけるトムも顔負けです。

5〜8ポイント　スコアを伸ばせなかった苦手分野を克服すれば、きっとクールな芸が身につけられるはずです。

0〜4ポイント　トレーニングには向いてなくても、あなたの猫はとびきりのお利口さんです。でも、もっと基礎的な練習を積むほうがいいかもしれません。

おやつを10個用意し、まず1つ食べさせます。

次のおやつをあげるまでの間隔を、徐々に長くしていきましょう。

トレーニングの前に

トレーニングに向けて環境適応力をつける

猫にとって1番重要なのは縄張りです。「飼い猫が幸せに暮らすための5つのルール」の章で、猫は自分がいる環境をしっかりと把握したがり、物事の変化を嫌うと話したのを覚えていますか？　それゆえに通常、猫は新しい環境の中に置かれると、自信を失ってしまいます。実際、テレビ番組『Teach My Pet to Do That』のシーズン1では、私たちのペットスクールに入学できる猫は1匹もいませんでした。オーディションに来た多くの飼い主さんが、初心者レベルとしては素晴らしいスキルを持った猫を連れていたのに、どの猫もまったく初めての環境に対応できなかったのです。将来的には多くの猫が入ってくれればいいと思いますが、そのためには、じゅうぶんな社会適応力を身につけなくてはならないでしょう。素晴らしいことに、私たちがショーで使っているテクニックは、家で飼っている猫にも完璧に通用するのです。

ジョーは以前、ベンガル種のミリーという猫を飼っていました。前述の「最高の生徒を見つけよう」のステップに従ったので、ミリーはすでに遺伝的に、「勇敢で社交的、さらには物おじしない」という天性の気質を受け継いでいました。しかしジョーも、ミリーが持って生まれた能力を最大限に高めてあげるために努力を重ねたのです。ミリーが子猫のとき、ジョーはミリーをポケットに入れて、スーパーマーケットに買い物に行きました。バスにも乗りました。学校や農場にも行き、定期的に通勤電車にも乗りました。トレーニングを重ねたからこそ、ミリーは広告に起用され、あの『ヴォーグ』誌をはじめとする数々のファッション誌の誌面を飾るスターになれたのです。それはミリーの社交性を高めるためにジョーが慎重に行ってきた努力のたまものだったのです。

猫に社交性を持たせるには、自然回復力を高めてあげることがたいへん重要となります。そのためには、逆条件付け（不安要素と拮抗する反応を条件付けることによって、不安を抑制する方法）して新しいものや場所に免疫をつける必要があります。つまり、少しずつゆっくりと体験させるのです――そうした場所に行けば猫がもらえる素敵なもの（特別なおやつや遊びなど）と一緒に――。まったく逃げ場のない新しい場所に連れて行くことは、社交性の向上にはつながりません――これは「フラッディング（洪水）」と呼ばれ、残念ながら多くの人は、猫のサインが読み取れず、知らず知らずのうちにこれをやってしまっています。フラッディングを経験した猫は、最終的には逃げるのをあきらめ、シャットダウン《機能停止》の状態に入ります。これは「学習性無力感」と呼ばれ、こうなると、もうその猫をトレー

ニングさせる方法はありません。猫にとってこの状態はたいへんな苦痛で、それにより脳にダメージを受けてしまうこともあるのです。アロスタティック負荷（ストレスによる疲弊）で身体が苦痛を受けても――このとき猫は唇を舐める、あくびをする、筋肉をこわばらせる、焦点が定まらない、ゴロゴロいう、体をこわばらせる、といったサインを送って、ストレスを感じていることを伝えています――逃げることができず（キャリーに入れられている、あるいは抱えられていて隠れることができない）、海馬（大脳の記憶をつかさどる部分）を含む脳の一部に損傷を受けてしまうのです。こうなったら、猫はストレスを感じていることを伝えることが難しくなり、さらに多くの状況で大きなストレスを抱えるようになり、記憶にも障害が現れます。猫の幸せを考えたら、そうならないように細心の注意を払わなくてはなりません。ご機嫌な猫は、一般的に好奇心が強く、ゆっくりと周辺のにおいを嗅ぎまわり、自分のいる環境を確かめます――もちろん、あなたのところに戻ってきておやつをもらうのも大好きです。

サインを見逃さないで

人前でトレーニングができるように、猫に社交性をつけてあげたかったら、あなたには猫のストレスサインを読み取って、ストレスがかかる状況を避ける力が求められます。いきなりストレスの多い場所に長時間連れ出すのではなく、あなたが慣れてほしいと思う環境（新しい場所に行く、いろいろな人の家や犬のいない児童公園でトレーニングをする、首輪とリードをつけて出かけるなど）に、短時間だけ何度も触れさせてください。そして、それを必ずおやつと組み合わせていってください。

新しい環境に触れさせる時は、おやつのごほうびをあげましょう。

トレーニング場所の準備

猫のトレーニング環境の準備はいたって簡単。必要なのは、トレーニングをする平らな場所と、トレーニングに使うものを置く場所だけです。用意したものは、トレーニング場所には置かないでくださいね。猫がおやつに手を伸ばし、トレーニングの間じゅうイライラし続ける羽目になってしまいますよ！

何事も準備が肝心。猫を部屋に入れる前に、各セッションの冒頭に示された**用意するもの**を参考に準備をしてください。

新しく準備した場所に猫を初めて入れたときには、何もしなくてもおやつをあげ、猫の気がすむまでたっぷりと探検させてから、最初の数セッションを5分間行います。そうすることで、次回のトレーニングのときにも、猫は期待と自信を持ってやって来ることができるでしょう。また、これは猫がトレーニング場所を点検して、安心な場所だと確かめる機会を与えることにもなります。

練習の際は、猫の気を散らすものは前もってどかしておきましょう。つまり、複数のペットを飼っている場合や、好奇心旺盛な子供がいる場合、あるいは、最近始めた編み物が部屋を占領している場合などは、トレーニング場所をきれいにするまで始めてはいけないということです。猫には実際の生活環境でやるべきことをこなすのも重要ですが、最初は可能な限り学びやすい環境を与えてあげたいからです。例えば、数学の方程式を学ばせたかったら、清潔で片づいたきれいな部屋で教える、というのはいいアイデアでしょう。でも、ブライトンからロンドンに向かう通勤電車の、たくさんの人々が乗り降りする車内で方程式を教えるというのは？それはほとんど不可能というものですよね。

トレーニングの際には、本書で示した学習のステップに従って行うことを強くおすすめします。ステップには、それぞれのトレーニングを構成する小さなセッションを行う順番と、トレーニングをする場所に関する順番の両方が含まれます。猫が自分の縄張り以外の場所ではストレスを感じることはよく知られており、ストレスを感じていると、動物は新しいことを学習することが難しくなります。最初のステップでは、猫にとって快適なトレーニング場所で、確実に芸を身につけることを目標にトレーニングを行い、それができてから幅を広げていくのです。

芸が安定してできるようになったら（トレーニングエリアで5回続けて成功できるほうに、喜んで５０００円賭けられるくらいに）、猫の縄張り内の別の場所で練習しても結構です。場所が変われば、猫の気を散らすものがたくさんありますが、それにより、芸の確実性をさらに強固

にすることができます。縄張り内のどこでやっても、完全に芸が定着したら、今度は猫を慣れさせたい場所に連れて行き、そこで再びトレーニングをするのです。

1つの芸を完全に覚えるまで、芸に呼称はつけません。つまり、おやつで釣って「おすわり」ができるようになったら、初めて「おすわり」というコマンド〔言葉による指示〕を与えるのです。さらに言えば、首輪を持ってこさせる一連の動き（拾う、口にくわえて歩く、あなたの手に鼻タッチをする、くわえたものを離す）を覚えてから、「首輪を持ってきて」というコマンドを与えるのです。これは猫が「首輪を持ってきて」という指示を「首輪を拾う」だけのことと誤解しないようにするためです。猫に望む動きをさせるための合図となるコマンドは、猫が必要とされるすべての動きを完全に理解したときにのみ与えないと、彼らにとっては意味を持たないのです。

トレーニングの基本

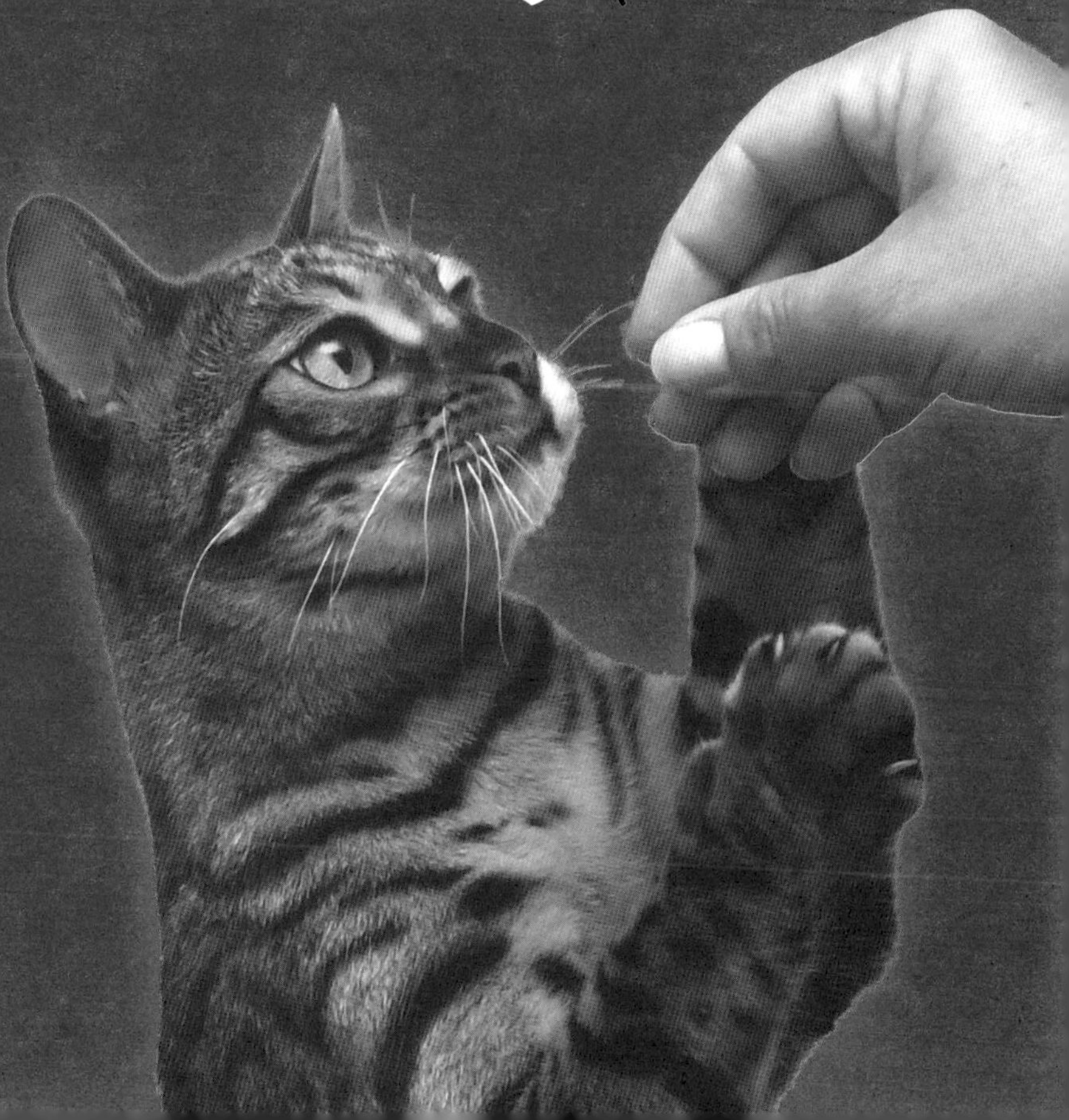

動物の種類に関わらず、トレーニングには重要な要素が2つあります。①動物がどんな行動を求められているかを理解し、それができたときに「できた」とわかること、そして、②動物がそれを報酬と関連付けることによって、自ら望んでやっていることとです。本書では度々、「クリッカー［正しいことができたときにカチッという合図の音を出す道具］を鳴らしてごほうびをあげる」、「クリッカーを鳴らして強化する」という表現が出てきます。正しくできたときに、タイミングよく合図をして猫に知らせるときには「クリッカーを鳴らす」、できたことに対する報酬をあげて芸を定着させるときには「ごほうびをあげる／強化する」という表現を使って説明していきます。

クリッカーを鳴らす

この先、猫の動きに合わせてクリッカーを鳴らす場面がたくさんあります。本書では、私たちのペットスクールと同様に、猫のトレーニングにはクリッカーを使うことをおすすめします。クリッカートレーニングは、こちらがやってほしいことを猫に伝えることができるため、とても効果的です。クリッカーは、はっきりとわかる音が出せれば、どんなもので

クリッカー

も大丈夫です。つまり、私たちがリバーという名の猫のトレーニングに使用したような、市販の「クリッカー」でもいいし、「イエス」「グッド」「よし」といった特定の言葉でもいいのです。耳の聞こえない猫なら懐中電灯でピカッと照らすのでもいいですし、目が見えないなら口笛を吹いてもかまいません。重要なのは、それが一貫して同じものであること、そして、クリッカーの音が、猫がとっている行動に対して、「それはごほうびがもらえる行動だよ」という意味を持つことです。ある行動をすれば、クリッカーの音が鳴ってごほうびがもらえる、ということを猫が理解できれば、同時にクリッカーの音が鳴った行動をくり返すことを覚えます。そうなれば、トレーニングのゴールははっきりと見えてくるでしょう。

例えば、猫に「ちょうだい」を教えているときなら、「おすわり」をさせた猫におやつを見せて、前足を上げさせます。最初のうちは、片足が地面から離れた瞬間にクリッカーを鳴らします。その後、クリッカートレーニングを何度もくり返すことで、猫は「もっとごほうびをもらうためには、この行動をくり返さなくてはならない」ということを理解していくはずです。

くり返してほしい行動を動物にはっきりとわからせるためにクリッカーを使うやり方は、1980年代初頭、海洋動物のトレーナー「イルカなどに芸を教えるのに使っていた」が犬のトレーニングに使ったことから、一般に普及していきました。ところが不思議なことに、うちの猫にはできっこないと思い込んでいるせいか、猫の飼い主さんたちには全然普及していないのです！

クリッカーを鳴らすとごほうびがもらえることを理解させます。

前足を上げた瞬間にクリッカーを鳴らしましょう。

芸の強化

オペラント条件付けは、１９０５年に、エドワード・ソーンダイクが、猫などの動物を箱に入れて実験して以来、動物のトレーニングに使われています。ソーンダイクが確立したのは、基本的には次のような考え方です。何かを与えることで行動の頻度を高める――正の強化。何かを取りあげることで、ある行動の頻度を高める――負の強化。何かを与えることで、あることの頻度を減らす――正の罰（正の弱化とも）。何かを取りあげることで、ある行動の頻度を減らす――負の罰（負の弱化とも）。現在では、罰をベースにしたトレーニング方法の多くは、動物にストレスを与え、人間との関係を悪化させることがわかっていますが、当時は猫の感情について、今ほど理解されていませんでした。

現在の猫のトレーニングでは、ある行動をとる頻度を上げることを目的にしていますから、求められているのは常に「強化」です。食べ物やおもちゃを与える、撫でる、くすぐる、などは正の強化に含まれ、一般的に、猫は正の強化で最もよく学習します。強化の項では、ごほうびを使うようにとはっきり書かれていますが、そのごほうびの内容については示唆していないことに注目してください。たしかに食べ物で釣りやすい猫はトレーニングしやすいと書きましたが、そのときどきで、何があなたの猫の行動を強化するかは、必ずしも特定できないのです。

例えば、廊下に置かれた段ボール箱に、あなたの猫が近づいていったとします。あなたは「おすわり」と言い、それができたので、あなたはクリッカーを鳴らします。それでは、これをどうやって強化しますか？　たしかに、ここでおいしいおやつをあげるというのも選択肢の1つですが、実際には、その時点での最高の強化策（ごほうび）は、猫が自ら箱に入るのを許してあげることでしょう。何が行動を強化するかは、人間が選択できるものではありません――それを決めるのはその場にいる猫だけです！

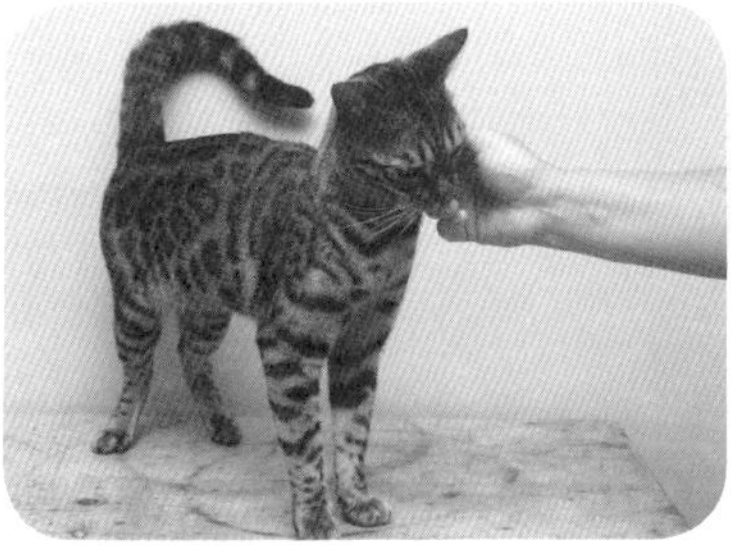

撫でてあげることは、トレーニングの「強化」に役立ちます。

猫が段ボール箱に入るのを許してあげることも、場合によっては強化になります。

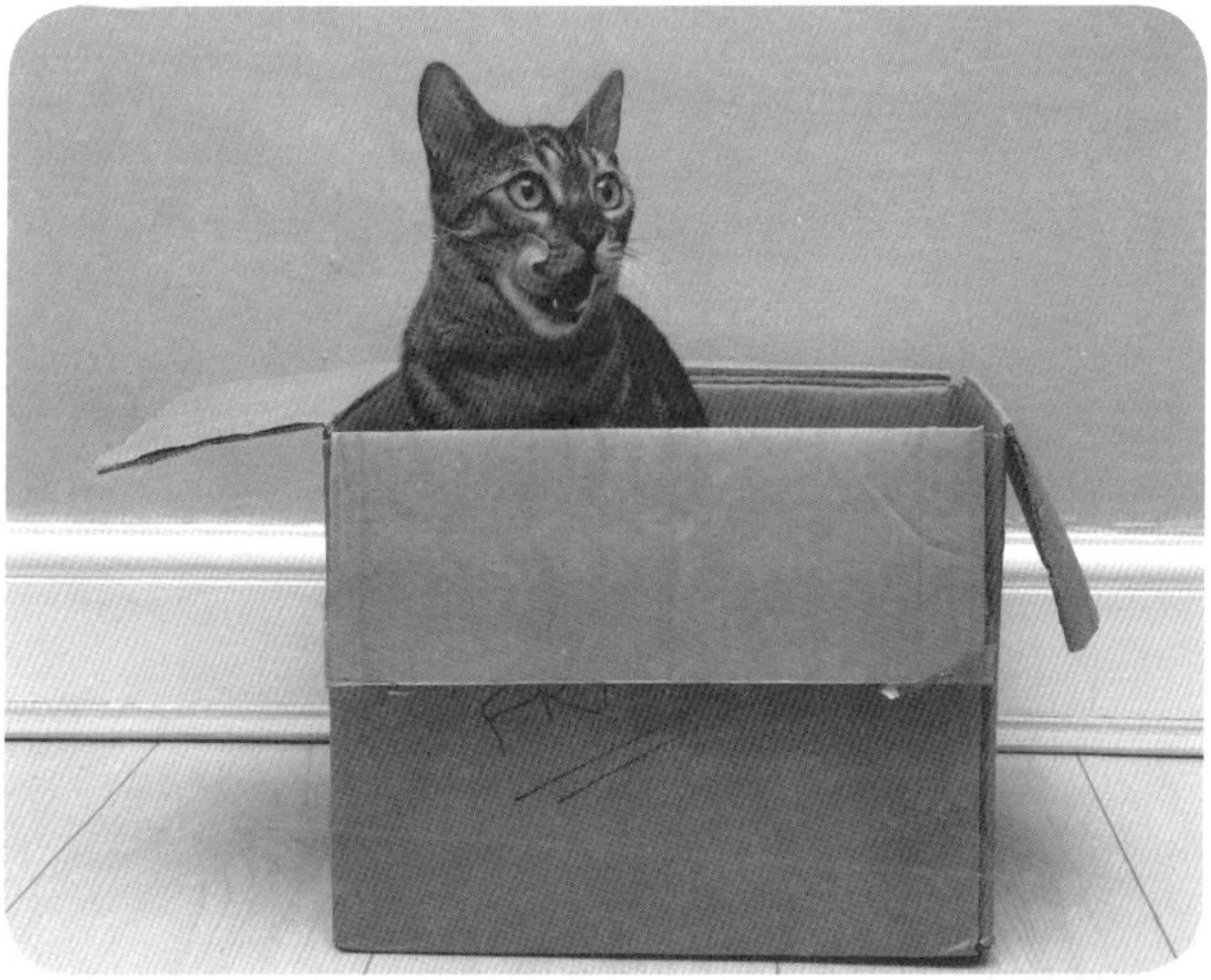

芸を教えよう

これからご紹介する芸は、初級レベル、中級レベル、上級レベルの3つの難易度に分かれています。もちろん、最初は初級レベルから始めることをおすすめします。土台がしっかりと身につけば、その上にはいくらでも難しい芸を積み上げていくことができるのです。基本の芸――例えば口で拾い上げたものを手渡しする芸――を覚えたら、その芸を応用して、鍵を拾い上げてあなたの手元まで持ってくることを教えられます。

また、それぞれの芸は、日常生活で役立つ「しつけ」向きのものと、人前でやれば拍手喝さいを浴び、注目度がアップできる「芸当」とに分類してあります。

一番重要なのは、あなたと猫が楽しんでトレーニングをすることです。トレーニングは、双方にとって楽しいもの、有益なものでなくてはなりません。ですから、どちらかがフラストレーションを感じたときや、やる気が失せてしまったときには、ひとまずやめにして、しばらく経ってから再開しましょう。

初級レベルの芸

手始めに、簡単な芸を教えてみましょう。初級レベルの芸の素晴らしい点は、なんといってもそれがすべての基礎となるということです。何をするにしても言えることですが、基礎がしっかりと身についていれば、その後に学ぶほかの芸もうまくできるのです。

最初のトレーニングとして最適なのが、**ターゲットトレーニング**です。これから猫に教えるのは「トレーニングの楽しさ」だということを忘れないでくださいね。ですから、これからご紹介する初級レベルの芸のトレーニングの場合、1セッションは3~5分をおすすめしています。その後は、たっぷり休憩時間をとってください。これを1日に3セッション程度やっても結構ですが、欲をかいて、猫をへとへとにさせてはいけません。猫がもうやめてと訴えてくる前に終わりにしましょう!

ターゲットトレーニング

トレーニング期間　1日3セッションを1週間（1セッションは3〜5分）
芸のタイプ　しつけ
応用　付箋紙を使って、「鼻タッチ」を教え、付箋紙の長さを短くしていけば、最終的に付箋紙なしでもできるようになります。これができれば、スイッチを入れる、ベルを鳴らすといった芸にも応用ができます。
用意するもの　付箋紙、ごほうび、クリッカー。

手をターゲットにした鼻タッチは、この後にご紹介する、**「持ってきて」**や**「おいで」**でも使います。紙をターゲットにした鼻タッチを教えれば、これを応用して、ドアを閉めたり、ベルを鳴らしたりできるようになります。ターゲットにタッチをさせることは、動物に教える最も実用的な芸の1つで、家畜を移動させるとき、鶏を小屋に帰らせるとき、獣医の診察台の上で猫を立たせるときなど、さまざまな場面で活用されています。

手をターゲットにした鼻タッチ

1 ごほうびを準備します。

2 準備したものとは別に、中指と人差し指の間におやつを挟んで持ちます。

3 手を開いた状態にして、猫の顔の横に手のひらを近づけます――おやつのにおいが嗅げる程度まで近づけますが、近づけすぎると猫に威圧感を与えてしまいます。

4 猫がおやつのにおいを嗅いだ瞬間、または、あなたの手を探り始めてきた瞬間にクリッカーを鳴らします。

5 クリッカーを鳴らしたら、おやつを持った手を背後に隠して、もう一方の手で、お利口な猫に最初に用意しておいたごほうびをあげましょう。

6 これを約10回、あるいは、「ごほうびをもらうためには、手に鼻を近づけなくてはならない」ということを猫が理解したとはっきりわかるまで続けます。こうなったら、次は猫を釣るためのおやつを持たないで練習を続けましょう。

一口メモ：相手は猫です。トレーニングの最中にうろうろと動き回ってしまう、なんてよくあることです。犬であれば、このような行動は、トレーニングという遊びから離脱した

4 おやつを挟んだ手に猫が手に顔を近づけた瞬間、クリッカーを鳴らします。

5

その手を背後に隠し、一方の手で別に準備していたおやつをあげます。

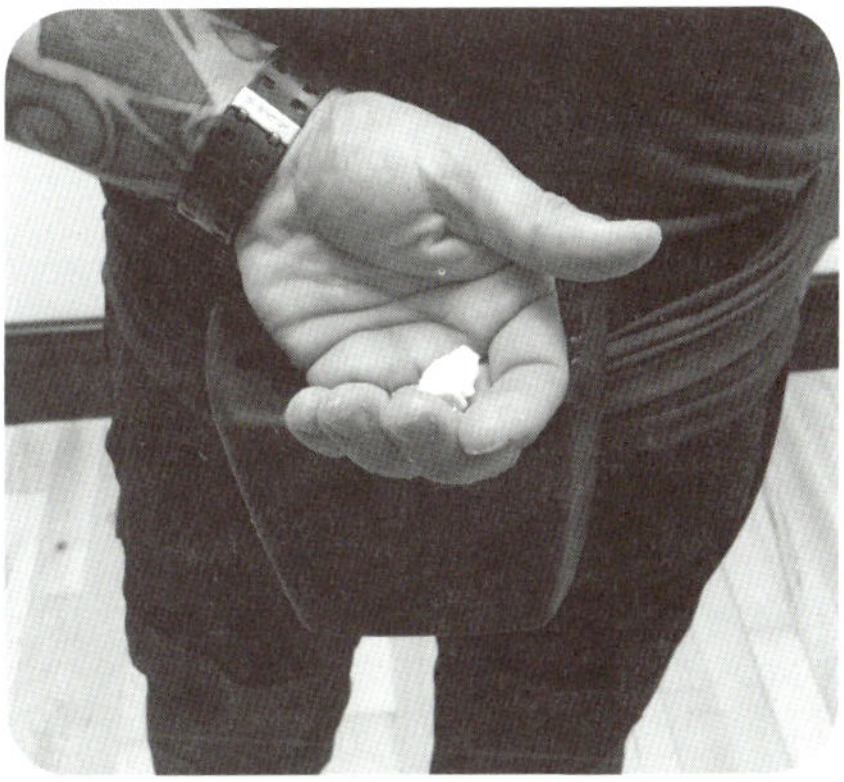

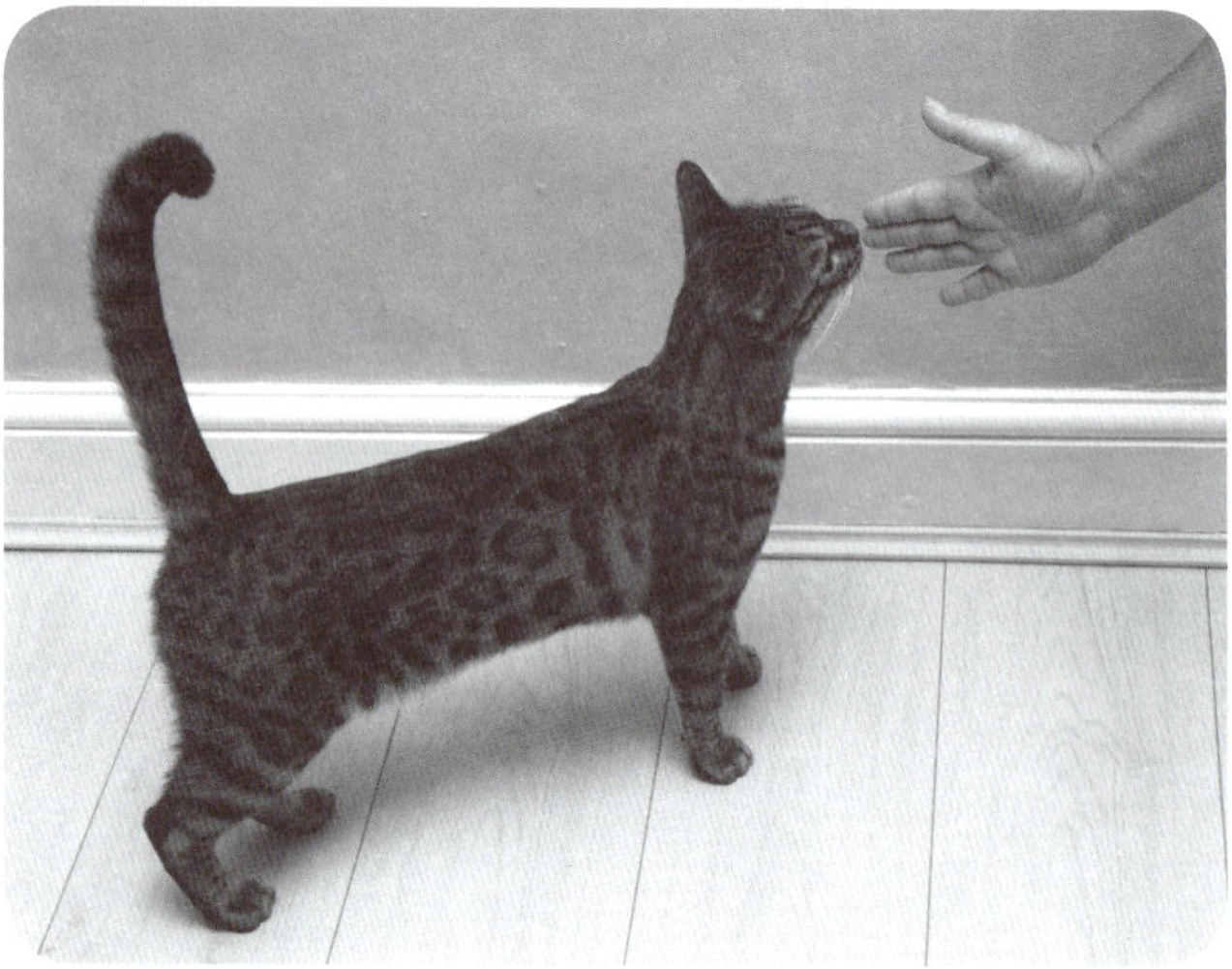

7 手のひらを見せるだけで鼻タッチができるようになったら、次は「タッチ」と言ってから手のひらを見せます。

9 慣れてきたら、場所を変えてトレーニングしてみましょう。

いというサインです。しかし、猫は犬よりもマイペースな傾向にあります。犬をトレーニングしたことがある方でも、猫のトレーニングは初挑戦。ならば、トレーニングが同じでないこと、猫はうろつきたがるものだということを忘れないでください。

猫のミリーがトレーニング中にうろうろし始めても、ジョーはミリーの好きにさせていました。おそらく、辺りの環境や周囲にあるものを確認しているだけなので、歩き回っている最中に、無理に撫でたり、かまいすぎたりしないことです。撫でるという行為はごほうびの1つとして、クリッカーを鳴らした後に使います。好きに歩き回らせた後で、再び手のひらを見せてトレーニングを再開しましょう。ジョーは、ミリーが「準備ができたよ」と、目で訴えてくるのを待ってから、次のセッションを行いました。これをくり返すうちに、ミリーは、自分の準備が整ったことを伝えられるようになり、いつ猫をトレーニングに戻らせればいいのかと人間側が気をもむ時間が大幅に節約できました。

7 手のひらを見せるだけで鼻タッチをしてくるようになったら、次はこれにコマンドを加えて練習します。今度は、「タッチ」と言ってから手のひらを見せてください。猫がしっかりとあなたの手に鼻タッチができたら、クリッカーを鳴らしてごほうびをあげましょう。

タッチが弱すぎて不完全だったら、無視するようにしてください。

8 何回かくり返した後、「タッチ」と言えば、猫が自信を持ってあなたの手に鼻タッチをしてくるようになったら、次は猫から少し離れてやってみましょう。手のひらを、猫から30センチほど離してください。この場合、猫は数歩前に進まなくては手に触れることができません。これをくり返し、その後のセッションで、さらに距離を離していきます。

9 コマンドどおりの行動――コマンドを出せば(猫に声が聞こえたら)、猫がまっすぐにあなたの手に近寄ってきて鼻タッチをする――ができるようになったら、他の部屋でもやってみます。その後はいろいろと場所を変えてトレーニングしてみましょう。

紙をターゲットにした鼻タッチ

紙をターゲットにしたトレーニングでは、いつも付箋紙を使うことをすすめています。付箋紙の良い点は、食べ物が（動物によってはよだれも）ついて汚れても、気軽に取り替えられることです。また、粘着力があるため、猫が鼻タッチを覚えたら、手から離して別の場所に貼ってトレーニングすることもできます。

1 キャットフードのかけらをこすりつけた付箋紙を、猫ににおいが届くように近づけます。

2 手のときと同様に、付箋紙を猫の顔の横に持っていきます。付箋紙は手のひらには貼らず（前のトレーニングで手にタッチすることを学んでいるので、猫は手のひらにタッチしてしまう可能性があります）、手のひらを床に向け付箋の上部を指に挟み付箋紙を垂らすようにして持ちます。

3 猫の鼻が付箋紙に触れた瞬間、あるいは、付箋紙を探り始めた瞬間にクリッカーを鳴らしてごほうびをあげます。手への鼻タッチのときと同様に、正確にできたら付箋紙を背中の後ろに隠し、もう片方の手で用意しておいたごほうびをあげます。

4 猫が少しうろうろした後でもっとやりたいようなしぐさを見せたら、付箋紙を見せても

1

付箋紙にキャットフードのかけらをこすりつけ、においを付けます。

2

その付箋紙を猫の顔の横に持っていきます（手のひらには貼らないように。手のひらへの鼻タッチをしてまう可能性があります）。

う1度行います。最大でも5回成功したらこの付箋紙は捨てて、おやつのにおいのついていない新しい付箋紙に取り替えてトレーニングしてみましょう。

5 おやつのにおいがついていない付箋紙で何度かくり返して成功できたら、この動作の力を強めさせます。ここで言う力とは、ターゲットを実際に押す力のことで、軽く触れるだけでなく、確実に押すことを教えるのです。猫にこのことをはっきりと理解させるため、今度は鼻の力で付箋紙が動いたときのみ、クリッカーを鳴らしてごほうびをあげて、強化していきます。

6 これが安定してできるようになったら、この動作のコマンドを決めましょう。通常、手以外のターゲットに鼻タッチをさせたいときには、「ターゲット」、あるいはターゲットにしたものの呼称をコマンドとして使います。猫の前にターゲットを差し出す前に、毎回必ず「ターゲット」と声に出してください。

7 これを数セッション重ねたら、ターゲットの付箋紙を手から離し、壁に貼ってみます。最初は猫のすぐ近くの壁に貼れば、手に持っていたときと大きくは変わりません。少し助けてあげる必要があるかもしれませんが、その場合――「ターゲット」と言ってから付箋紙を壁に貼っても、あなたのほうをぼうっと見ている場合――は、猫が付箋紙のほうを向くように、何度か付箋紙を人差し指で触って、猫に教えてあげましょう。

7 ターゲットの付箋紙を壁に貼り、「ターゲット」と言って鼻タッチをさせましょう。

8 何度か成功したら、少しずつ離れた場所に付箋紙を貼り、猫が移動して鼻タッチをするように仕向けます。

8 何度かうまくできたら（続けて5回成功するほうに5000円賭けても大丈夫なくらい、猫が自信を持って行えるようになってから次のステップに進むのが私たちのルールです）、少しずつ猫と付箋紙の距離を延ばしていき、最終的には「ターゲット」のコマンドで、猫が付箋紙のところに移動して鼻タッチができるようにします。

9 この頃になると、おそらく付箋紙を床に貼っても、問題なく鼻タッチできるはずです。猫の視線の高さより低い場所にあるため、少し違うと感じるかもしれませんが、必要ならば手助けをしてあげて、できたらすぐにクリッカーを鳴らしてごほうびをあげます。

10 これがしっかりとできるようになったら、別のターゲットでもやってみましょう。離乳食やジャムなどの瓶詰のふたはターゲットとして最適です。新しいターゲットでやる度に、最初から同じ手順をくり返します。新しいターゲットでできるようになる度に、次のターゲットトレーニングはもっと楽になっていくでしょう。

おいで

トレーニング期間　1日1セッションを2週間
芸のタイプ　しつけ
応用　覚えた芸を、状況を変えて、異なるコマンドでやってみます。笛の合図で「おいで」をさせることは、学ぶ価値のある素晴らしい芸であるだけでなく、実生活でも役立つ大事な芸です。
用意するもの　笛、クリッカー、そして猫の大好きなおいしいおやつ。

笛の合図で「おいで」をさせることも、ターゲットトレーニングをした後なら、とても簡単に感じるはずです。やるのは、新しいコマンド（笛）を追加すること、そして鼻タッチにスピードと距離を追加することだけです。そう、ここで紹介するのは、笛を吹いたら、猫があなたのもとに戻ってきて、手に鼻タッチをするという芸です。これからは、今までとはまったく違う方法で、狩りをしたり、縄張りをうろうろしたりしている猫を呼び戻しましょう！

1 まずは、笛の音に猫を慣れさせなくてはなりません。笛の音は、猫にとっては大音量の騒音（遠く離れた場所から猫を呼ぶのに使うものなので）かもしれませんし、初めて聞く怖い音かもしれません。ですから最初のうちは、音を少し不快に感じる場合もあるでしょう。ここでは、トレーニングを始める前に、猫が大好きなものと一緒に組み合わせて笛の音を聞かせていきます。1週間、朝夕の食事の前と遊びの前、ごほうびをあげる前に笛を吹きます。（クリッカーを使用するトレーニング中は除く）1週間経つ頃には、きっと笛の音が好きになるはずです。

2 次に、猫の動作（手に鼻タッチをする）に新しいコマンド（手に鼻タッチをさせたいときの合図）を与えましょう。猫はすでに前のトレーニングで「タッチ」というコマンドを覚えています。

・笛を吹く。
・猫に鼻タッチをうながすために手を伸ばして手のひらを見せる。
・「タッチ」と声をかける。
・鼻タッチができたら、すぐにクリッカーを鳴らしてごほうびをあげる。

3 上記の流れを数回くり返すと、ある時点で、笛の音を鳴らしただけで、猫が「ジャンプ

1

まずは笛の音に慣れさせることが肝心です。猫が好きなものと組み合わせて、音を聞かせましょう。

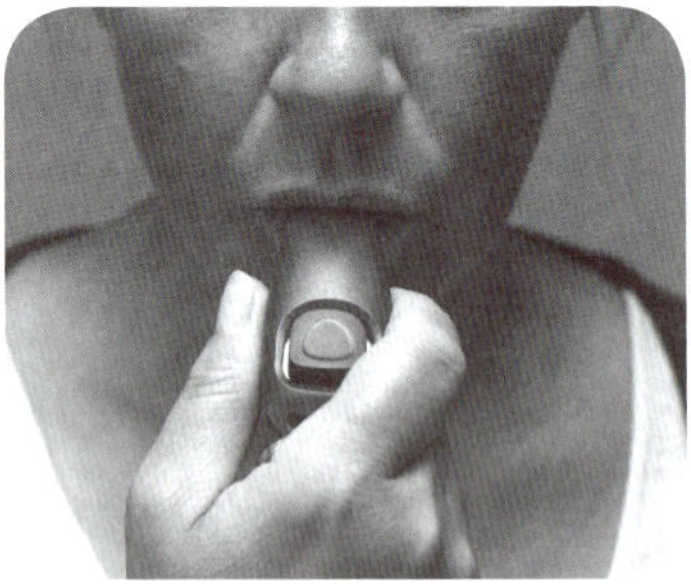

2 笛を吹き、手のひらをみせて猫に鼻タッチをうながします。タッチたできたらクリッカーを鳴らしてごほうびをあげます。

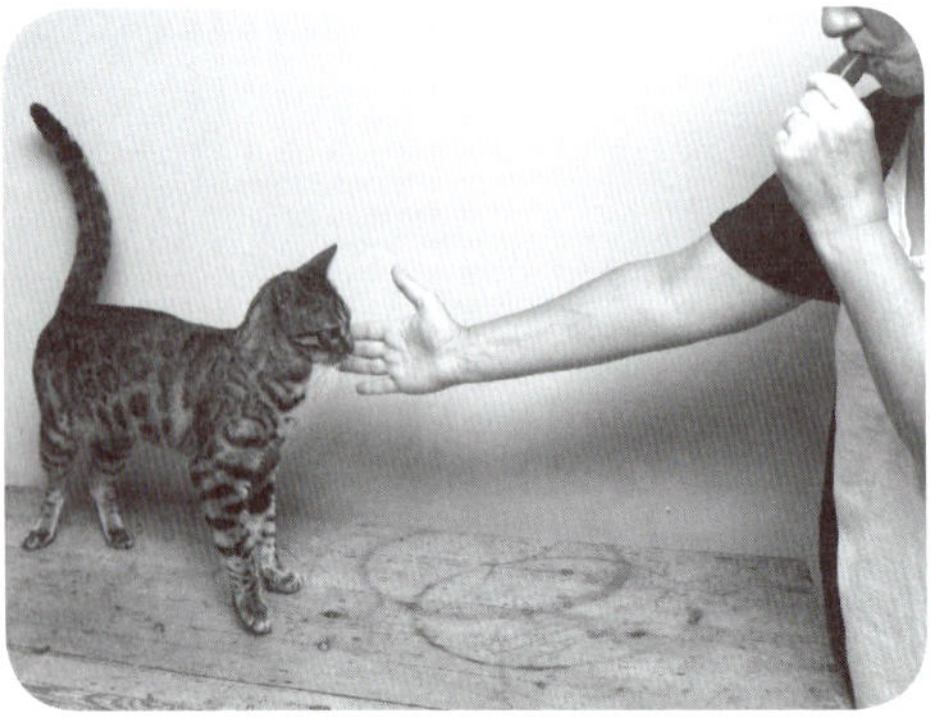

の構え」をしていることに気づくはずです。それは、猫が笛の音を聞いた瞬間、「タッチ」と言わなくても、笛の合図で、あなたの手をめがけてタッチをしに行こうと身構えているということです。こうなったら、猫を呼び寄せるために「タッチ」というコマンドを使うのをやめにします。

4 「おいで」では全速力で走ることが肝心です。俊敏に反応するためには、音に対する最大限の鋭さが求められます。笛の音とともにあなたの手に向かって走ることに対する、高い意欲も必要とされます。さて、これを念頭に置いたら、これまでのように綿密に練り上げられた体系的なセッションとは少し違う方法をとります。このためにトレーニングセッションを設けずに、普段の生活の中で1日に3回行うのです。

5 毎日適当な時間——時間を変えて——に笛を吹きます。笛の合図で「おいで」では朝晩の食事を半分取り分けておき、一回目と三回目のごほうびとしてあげましょう。もう一回はそれとは別の、追加の食事をあげます。これは猫の大好物ばかりを揃えたごちそうでなくてはなりません。初めてやるときであれば、週の初めに鶏肉をまとめて茹でておき、毎日それを小さく切って「おいで」のごほうびにするというのもいいアイデアです。

6 これを1週間続けますが、部屋を変えたり、距離を延ばしたりしても、「おいで」のごちそうは忘れずにあげて下さい。家の中で安定してできるようになったら……。そう、い

よいよ屋外で練習です！　ごほうびはいつでも猫の大好物をあげましょう。言うまでもなく、これは猫の命を守ることさえある、最も大事なトレーニングなのですから。

おすわり

トレーニング期間　1日2セッションを1週間（1セッションは3〜5分）
芸のタイプ　しつけ／芸当
応用　「おすわり」を教えられれば、「立って」を教えることも視野に入れられます。
準備するもの　必要なのはごほうびのおやつとクリッカー、そして猫だけ。トレーニングの場所を決めて行うのが効果的です。

1 親指と人差し指でごほうびを持ち、猫の顔の横で左右に振ってにおいを嗅がせます。

2 においに反応したら、ごほうびを猫の後頭部の上方に移動します。こうなると猫は、後ろに下がるか、腰を落とすかしなければ、ごほうびを取ることができません。

3 猫が腰を下ろし始めた瞬間に、クリッカーを鳴らしてごほうびをあげます。

4 これを4回くり返した後、5回目は、猫の腰が完全に床について「おすわり」の姿勢になってから、ごほうびをあげます。ごほうびを食べ終わっても「おすわり」をしたままで

いたら、もう1度ごほうびをあげましょう。こうすることで効果的に、「おすわり」の姿勢を持続させることができ、しだいに定着していきます。「おすわり」の姿勢で何度かごほうびをあげた後、まだ座り続けている場合は、もう1度ごほうびをあげてから撫でてあげます。撫でることは、「おすわり」に対する猫へのごほうびであると同時に、「立って」をうながす合図にもなります。

5 猫が腰を上げたら、すぐに次のごほうびを猫の頭上に掲げて「おすわり」をさせましょう。猫の頭上に手を持っていった瞬間に、猫が「おすわり」の姿勢をとるようになるまで、これを何度もくり返します。

6 手の動きを見ただけで確実に「おすわり」ができるようになったら、コマンドを追加します。ここで重要なのは、まず初めに「おすわり」と言ってから、手を上げることです。こうすることにより、猫は言葉と手の動きを関連付けるようになり、最終的には、手を動かさなくても「おすわり」の言葉だけで反応するようになります。

7 最後に、完成度をチェックしましょう。手を動かさないで、「おすわり」と3回言ってみてください。3回とも成功したら、今度はおねだり（ちょうだい）のトレーニングに挑戦です。できなかったら、さらに練習を重ねましょう。

2

ごほうびを親指と人差し指で持ち、においを嗅がせながら猫の頭上に移動します。

3

猫はごほうびを取るには後ろに下がるか、腰を落とすしかありません。その瞬間にクリッカーを鳴らして、ごほうびをあげます。

4 4回繰り返した後、5回目は腰が完全に床について「おすわり」の姿勢になってからごほうびをあげましょう。

ちょうだい

トレーニング期間
1日2セッションを2週間（1セッションは3～5分）

芸のタイプ
芸当

応用
「ちょうだい」の動きができるようになったら、#balancebeg［バランスベグ。何かの上でバランスをとりながら「ちょうだい」をすること］に挑戦してはいかがでしょう。（最近SNS上では#planking［プランキング。プランクとは板のことで、体を板のように硬直させて腹ばいに寝そべって、さまざまなシチュエーションで撮った写真や動画のこと］や#mannequinchallenge［マネキンチャレンジ。マネキンのように動作が止まった状態の動画を投稿すること］が流行っているので、風変わりな場所でバランスベグをさせれば、あなたの猫も次のネットアイドルになれるかもしれません！）

用意するもの
猫がバランスを保てる固い床、クリッカー、ごほうび、そしてお利口な猫。

このちょっとした芸当は、インスタグラムで称賛されること間違いなし。さらには、猫のバランス感覚や体幹も鍛えられます――あなたの猫にはそんなこと必要ないかもしれませんね！

1 ごほうびを見せて「おすわり」のコマンドを出します。

2 座ったら、「おすわり」のごほうびをあげます。

3 今度はごほうびを指で持ち、猫の鼻先に持っていきます。

4 猫がごほうびの方に体を伸ばしたら、「猫」という操り人形の糸をごほうびで引っ張るような気持ちで、ごほうびを真上に持っていきます。

5 最初の5回は、ごほうびに向かって体を伸ばした時点で、クリッカーを鳴らしてごほうびをあげます。

6 次の5回は、少なくとも片前足を完全に床から離したら、クリッカーを鳴らしてごほうびをあげます。

7 これが5回できたら、さらにくり返しますが、今度は両前足を床から離すまで待ち、両前足を上げたところでクリッカーを鳴らしてごほうびをあげます。前足を両方とも上げさせるためには、ごほうびの位置を少し高くしたり、少し後ろに下げてみたりしてください。

1

ごほうびを見せて、まずは「おすわり」をさせましょう。

6

片前足が床から離れてから、クリッカーを鳴らし、ごほうびをあげましょう。

7

それが5回できたら、今度は両前足が床から離れるまで待ち、クリッカーを鳴らします。

猫が「おすわり」の姿勢を崩してしまったら、最初からやり直しです。「ちょうだい」で重要なのは、「おすわり」の姿勢でバランスのとり方を学ぶことです。そうしないと、猫は後ろ足で立とうとしてしまい、これは猫の足に大きな負担をかけてしまいます！

8 ごほうびを動かして誘惑する度に、しっかりと「ちょうだい」のポーズがとれるようになったら、少し変化を加えます。何も持っていない手で猫を誘うのです、「ちょうだい」ができたら、反対の手でごほうびをあげましょう。

9 初めのうちは、バランスを保たせるために、ごほうびを3つあげるのがおすすめです‥まずは1つ、次に2つ目、そして3つ目、という具合に「ちょうだい」の姿勢を保っていたら1つずつ追加してあげるのです。それができたら、いつものようにクリッカーを鳴らしてごほうびをもう1つあげます。

これにコマンドを加える前に、まずは猫を釣るために使ったおやつを片づけましょう。ここからは、おやつを持たずに「ちょうだい」というコマンドを出し、猫の顔の近くで、手のひらを上に向けてわずかに上に動かすジェスチャーを使っていきます。おやつを持たずに、いきなり猫のほうに手を伸ばしてジェスチャーをしてもうまくいかないかもしれません。もしも猫が「ちょうだい」のジェスチャーだと理解できずにいるようだったら、い

7 「おすわり」の姿勢でバランスのとり方を学ばせることが大切です。

8

初めのうちは、バランスを保たせるためにごほうびを3つあげましょう。「ちょうだい」の姿勢を保っている間に、1つずつ間隔を置いてあげるのです。

きなり通常の小さなジェスチャーをするのではなく、最初のうちはコマンドの後、手を低い位置から大げさに上に動かし、次はその動きを半分にして、というように少しずつ動きを小さくして、最終的に本来の手を小さく上に動かするジェスチャーにしていくのもいいでしょう。

10

「ちょうだい」のコマンドを理解して、ポーズがとれるようになったら、部屋を変えて練習し、ゆくゆくはさまざまな場所で練習をしていきましょう。

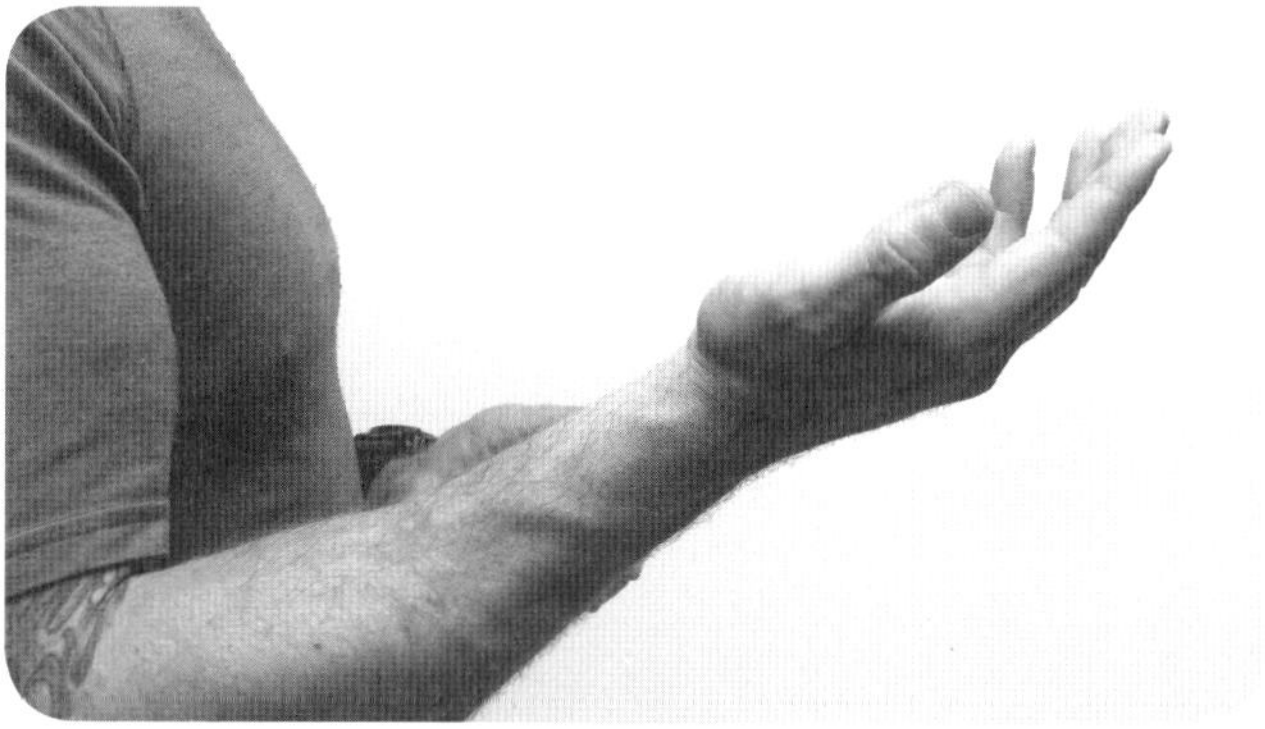

「ちょうだい」をさせるための
ジェスチャー。手のひらを上に
向け、軽く上に動かします。

伏せ

トレーニング期間　1日2セッションを1週間（1セッションは3〜5分）

芸のタイプ　しつけ／芸当

応用　「伏せ」はいろいろな芸に応用ができます——伏せた状態で前足を頭に乗せて「反省のポーズ」、頭までぺたんとつけて伏せて「フラット」、さらにはターゲットになるものを与えて一緒に伏せをして「おやすみなさい」、などにも挑戦してみましょう。

用意するもの　クリッカー、猫、たっぷりのごほうびと、忍耐力を少々。

「おすわり」と同様に「伏せ」を教えることはしつけにも役立ち、このコマンドを与えることによって猫をリラックスさせてあげることもできます。また、これは中級レベルでご紹介する、「催眠術」などの芸を覚えるときにも重要となります。猫は犬よりもはるかに小さいため、おやつで釣って「伏せ」をさせるのは少し厄介です。それを念頭に置き、まずはあなたが床に足をまっすぐ伸ばして座ってから、トレーニングにのぞみましょう。

1 あなたの膝の横で、「おすわり」をさせます。このときあなたの足は、猫の前を走る2本の道のような向きになっています。

2 膝を曲げてアーチを作り、「おすわり」のごほうびを指の間に挟んだ手を膝の下に置きます。ごほうびを取るためには、猫は体を伸ばさなくてはなりません。

3 もう1度「おすわり」をさせます。今度は膝を少し下げてアーチを低くします。猫はごほうびを取ろうとして、頭を低く下げるようになります。これを数回くり返します。猫が「おすわり」の姿勢を崩してしまった場合には、ごほうびをあげずに、もう1度「おすわり」をさせましょう。

4 「おすわり」の姿勢から頭を下げて、膝の下のごほうびが取れるようになったら、もう1度「おすわり」をさせます。今度はアーチをさらに低くして、猫が腹ばいでぎりぎり通り抜けられるトンネルのようにします。腕をアーチの下に通して猫のほうに伸ばすと、猫はにおいを嗅ごうとして、「おすわり」の姿勢のまま前かがみになります。そこから腕を引いていけば、猫はごほうびに釣られて、体を伏せてトンネルをくぐる姿勢になります。ここでは、猫がごほうびを取ろうとして「伏せ」に近い姿勢がとれたら、クリッカーを鳴らしてごほうびをあげます。猫がスムーズに「伏せ」の姿勢がとれるようになるまで、これを数セッションくり返しましょう。

1 足を伸ばして座り、膝の横で猫に「おすわり」をさせます。

2 膝を曲げ、その下でごほうびを指で挟んで持ち、猫に取らせます。

一口メモ：もしもあなたの体が硬くて床の上でトレーニングをするのがたいへんだったら、同じことをトンネルを作らずにやることもできます。その場合は、猫に「おすわり」をさせ、ごほうびをだんだん低い位置に持っていくようにすれば、最後にはうまく猫の胸が床に触る位置まで下がります。やっている途中で猫がおすわりの姿勢を崩して立ち上がってしまったら、ごほうびはあげずに、必ず最初からやり直すようにしてください。

5「おすわり」からスムーズに「伏せ」の姿勢がとれるようになったら、これからは膝の下でごほうびをあげません。手の中にごほうびを握っているふりをして、何も持たない手でやってみましょう。これを数回くり返しても成果が出なかった場合には、ごほうびを手に持ち、最初のステップに戻って、動作を強化してください。

6 猫がごほうびなしでも手の動きに従って「伏せ」の姿勢がとれるようになったら、今度はごほうびを持っていたときのように手を握らず、人差し指だけを立てます。床から少し浮かせた位置で床を指差し、しばらくそのままの状態を保ちます。猫が「伏せ」の姿勢をうまくとれたら、クリッカーを鳴らしてごほうびをあげます。

7 次は手の動きを変えます。今度は指を床に向けず、指を立てるだけで、伏せの姿勢がとれるようにします。

8 これが定着したら、ここにコマンドを加えます。通常は「伏せ」や「ダウン」というコマンドを使います。「おすわり」と同様に、重要なのは、猫が理解した（正しい「伏せ」をするように求められていることを理解して床に胸をつけた）後でコマンドを追加することです。指を立てれば猫は正しい姿勢がとれる、という確信が持てた時点で初めてコマンドを加えるのです。さあ、練習を重ねてください。

9 それでは、ここでチェックしてみましょう。笛を吹いて「おいで&手に鼻タッチ」、そして「おすわり」、次に「付箋紙に鼻タッチ」、そして「伏せ」。1度のセッションで4つのコマンドをランダムに与えて練習し、猫が本当に指示されたことを理解しているか確認してください。

エンジョイ・トレーニング！

本書に示されたトレーニング期間内に、芸を覚えることができなくても心配はいりません。猫ごとに差があるのは当然ですから、これはおおよその目安だと考えてください。人間と同じで、他の猫より時間がかかる場合もあるし、気分が乗らない場合もあるし、1歩前進したと思ったら2歩後退してしまうときもあるでしょう。それらすべてがトレーニン

4 何度か繰り返したら、膝のアーチをぐっと下げて、猫が腹ばいでぎりぎり通り抜けられるようにします。

グの過程の一部です。あなたも猫も、互いに楽しんでトレーニングしているということを、くれぐれも忘れないでください。猫がなかなか覚えてくれなくて、あなたがひどくストレスを感じるようだったら、トレーニングはあなたとあなたの猫との関係には不向きなのかもしれません。その場合には、トレーニング中に学んだ楽しく遊ぶテクニックを使い、猫が楽しめるように注意を払ってあげましょう。

たとえ基本的な芸を簡単に身につけられても、この先もそう簡単に進めるとは限りません。覚えておいていただきたいのは、猫が簡単にできたときよりも、簡単にできなかったときのほうが、私たちは猫から多くのことを学べる、ということです。そして、何をしなくてはならないか考えるためにも、いつ休憩を入れるべきか、時間を常に把握しておきましょう。

芸の強化
集中力を高め持続時間を伸ばす

プロのアニマルトレーナーと動物のやりとりを見ていると、動物にどんな指示を与えるときでも、たいへんにそつがない感じがしますね！　芸のトレーニング（例えば「手に鼻タッチ」、「おすわり」、「伏せ」、「ちょうだい」をさせる）では素人でも無駄のない、プロフェッショナルな動きをすることはできますが、そのためには、さらにいくつかのステップを踏まなくてはなりません。

最初は、あえて猫の気を散らして、こちらが指示したことを、長時間、確実にできるようにすることから始めましょう。まず、コマンドを出します――ここでは「おすわり」を例にしてみましょう。「おすわり」のコマンドで猫が座ったら、猫の近くで片方の手をわずかに動かして、猫の注意をそらします。最初は、文字通りほんの一瞬指を左右に振る程度の小さな動きから始めます。猫が「おすわり」の姿勢を崩さなかったら、おやつをあげ

芸を強化して、姿勢を長時間保てるようにしましょう。ごほうびのおやつとタイマーをお忘れなく。

ます。まだ座っていたらもう1つ、まだ座っていたらさらに1つ、まだ座っていたらさらに1つ。ちょっとくらい気が散ることが起きても、今やるべきは、座ることだ、伏せることだ、鼻タッチすることだ、と猫が「理解」できたら、次に、あなたがクルッと回転する、軽くタップダンスをする、といったもっと大きな動きで気を散らします――さらにレベルが上がれば、トレーニング中に他の人を部屋に入れる、さらには他のペットを入れる、といった方法も使えます。

トレーニングしている動作に確実性が増してきたら、ごほうびも気を散らす誘惑物として使えます。それでは、コマンドを出してみましょう。ここでは、「伏せ」だとします。「伏せ」のコマンドを出し、指を立てるジェスチャーをして、猫の目の前にごほうびをポンと転がします。それでも伏せのままでいたら、クリッカーを鳴らして、猫を撫でてあげてから、目の前のごほうびを食べさせます。姿勢を崩してしてしまったら、ごほうびを取りあげます。

練習を重ね、たとえ誘惑物があっても確実に「おすわり」、「伏せ」、「ちょうだい」、「タッチ」ができるようになったら、今度はその持続時間を延ばしたいと思うでしょう。つまり、こちらがいいと言うまで、同じ姿勢を保たせておきたくなるのです。私は通常ここで、**リリース（解除）**のコマンドも使い始めます。

それでは、ある動作を指示しましょう――例えば「ちょうだい」の姿勢。5分間といった長い時間に挑戦する場合は、タイマーを使ってください。最初は、同じ姿勢を保っていたら30秒ごとにごほうびをあげます。やがて10分続いたら、クリッカーを鳴らしてごほうびをあげ、ここで初めてリリースのコマンドを使います（私たちは「ＯＫ」を使いますが、「よし」「フリー」「ゴー」というコマンドもよく使われます）。リリースのコマンドの後、「おすわり」、「伏せ」、あるいは「ちょうだい」をしていた場所から離れる猫にごほうびをあげます。これをくり返し、姿勢を保っている最中にあげるごほうびの間隔を長くしていくだけで、最終的には途中のごほうびがなくても、10分間姿勢を保てるようになるというわけです！

猫から離れた場所からコマンドを出すトレーニングをする際にも、同様の方法が使えます。10メートルを目標にトレーニングをしていたら、今、あなたと猫がいる場所から10メートル離れた場所にある目印を決めておきます。例えば植木鉢だとしましょう。それでは、猫に動作を指示しましょう――例えば「伏せ」です。あなたが植木鉢のほうに向かって数歩離れても、猫が「伏せ」の姿勢を保っていたらごほうびをあげます。これをくり返し、回を重ねるごとに植木鉢に向かって、猫から進む距離を伸ばしていきます。あなたが植木鉢のある位置まで離れても猫が同じ姿勢を保っていたら、リリースのコマンドを出します。

鼻タッチを強化すれば、音楽プレーヤーのスイッチを入れることもできます。

それから猫をあなたが立っている場所まで来させてごほうびをあげます。
これとは異なり、「鼻タッチ」の場合は、さすがにその姿勢を保った状態でごほうびを食べさせることには無理がありますから、ちょっとずつトレーニングを積み上げていくしかありません。鼻タッチでは、猫が押す（鼻で軽く触れるだけではなく、鼻でしっかりと押す）強さに対してごほうびをあげることで、持続時間を延ばせる可能性があります。より強く押させるためには、まずタッチのコマンドを出してから、手をそれまでよりも少し後方に下げます。こうなると、猫はクリッカーの音とごほうびをもらうために鼻タッチをしようと、顔をさらに突き出さなければなりません。異なる状況に慣れさせるため、手以外のさまざまなターゲットでも試してみてください
ターゲットに「鼻タッチ」、「おすわり」、「伏せ」、「ちょうだい」、笛の合図で「おいで」、これに加えて、持続力と集中力のトレーニングをすることで、これから行う中級レベルの芸のためのしっかりとした土台が作れます。

中級レベルの芸

まやあなたの猫はしっかりと芸に取り組んでいますね。そしてあなたも、猫使いのプロに1歩ずつ近づいています——それでは、さらにギアを上げていきましょう！　ここからは、YouTubeで高視聴回数が期待できると同時に、飼い主さんの人生をより豊かにしてくれる芸当を紹介していきます。

ヒール

【動物が正面を向いて飼い主の真横につき、並んで一緒に歩くこと。「つけ」、「ついて」とも。犬の場合は、飼い主の左側につくことを「ヒール」、右側につくことを「ついて」、と使い分けます。】

トレーニング期間　1日3セッションを2週間（1セッションは3～5分）

芸のタイプ　しつけ／芸当

応用　あなたの体の一部にタッチさせるスキルを磨けば、芸の幅がぐんと広がります。ぜひ、あなたの足への「あご乗せ」（ほんとにかわいい）や、手のひらへの「肉球タッチ」（ハイタッチ）といったトレーニングにも挑戦してみましょう。

用意するもの　クリッカー、付箋紙、ごほうびのおやつ。

猫はもともと、ヒールが得意です。そう聞いても、飼い主さんならさほど驚かないでしょう。キッチンで熱いコーヒーや、丹精こめて作ったデコレーションケーキを運んでいるとき、猫がヒール・ポジション（飼い主さんの真横のヒールの位置）からすり寄ってきてヒヤッとした経験が何度もあるはずですから！

でも、猫がヒールをしている姿がかっこいいのは間違いありませんね――トレーニング

しだいでは、音楽に合わせてヒールをさせることだって可能です。そう！『ブリテンズ・ゴット・タレント』を見返すチャンスです！　それだけでなく、室内飼いでなかなか外に連れて行ってあげられない場合や、新しい場所に猫を連れて行きたい気持ちはあるけれど、公園でリードをつけた猫に引っ張り回されるなんて嫌だと思っている方にもとても役に立つ芸です。

1 おやつを手に持ちます。このおやつを使って、まずはあなたに、トレーナーの世界で「クレーンドロップ」と呼ばれている方法を覚えていただきましょう。練習場所は、猫を締め出した後のトレーニングルームです。床にかがむか、膝立ちをしてください（膝の下にクッションを敷けばさらに快適）。おいしいごほうび（小粒の角切りにした鶏肉などがいいでしょう）を用意します。5本の指先をつけて軽く手を握り、指先でごほうびを持ちます（指を鳥のくちばしのように使って）。UFOキャッチャーのクレーンをイメージして指を離し、ごほうびを下に落とします。

2 小さな粒を、「つまんで、落とす」動作をくり返し練習してください。次に、用意した付箋紙を床に貼ります。今度は付箋紙の上におやつを落としましょう。付箋紙の上に落とすことに5回成功したら、立ち上がって同じことをくり返します。

1 おやつを指先で軽く持ち、UFOキャッチャーのクレーンをイメージして下に落とします。

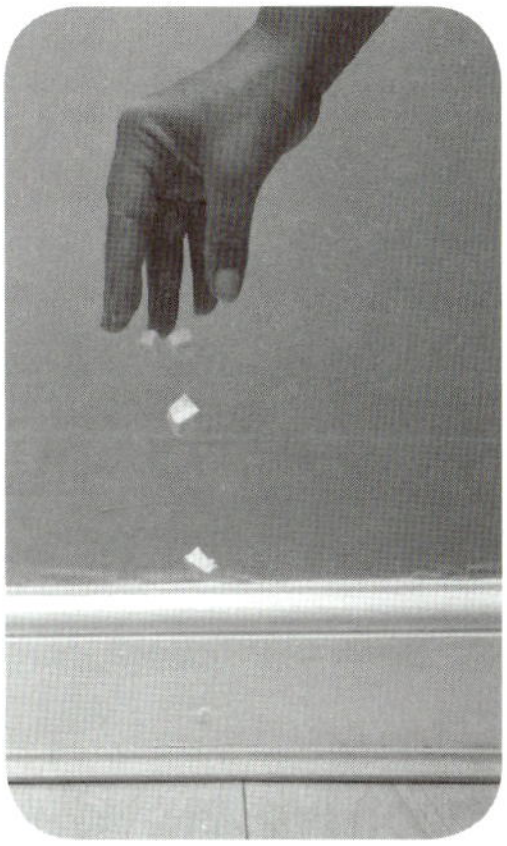

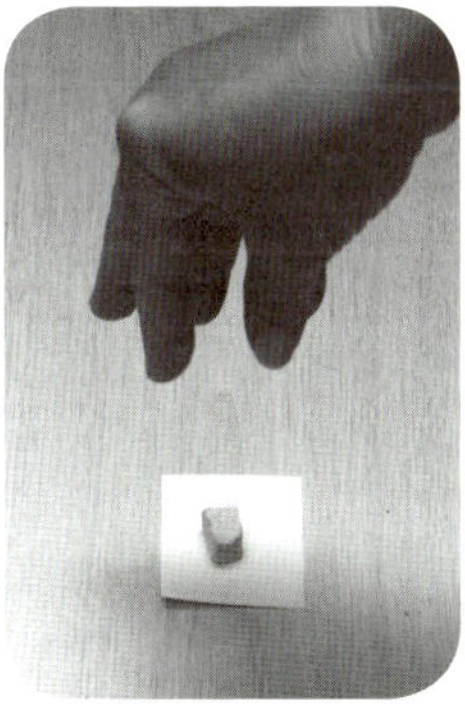

2 付箋紙を床に貼り、その上におやつを落とす練習をしましょう。次に、ドアに続く小道を描くように付箋紙を貼っていき、順番におやつを落としていきます。

3 立ったまま付箋紙の上に5回連続して落とせるようになったら、ドアに続く小道を描くように、付箋紙を床に貼っていきます。一番端の付箋紙にクレーンドロップでエサを落とし、そこから順番にすべての付箋紙におやつを落としていきます。すべて狙いどおりに1粒ずつおやつが落とせるようになるまで練習してください。これができれば、猫と一緒にトレーニングを始める準備は完了です。

4 まず付箋紙を1枚、ふくらはぎの外側に貼り、壁またはソファの横に立ちます。このとき、あなたと壁、またはあなたとソファの間には、猫がまっすぐ前を向いて立てるスペースを確保しておきます。このトレーニングでは目標を高くして、クラフツ［イギリス最大のドッグショー］式のヒールに挑戦していきます。猫があなたの足に貼ったターゲットの付箋紙に鼻タッチをしたら、クリッカーを鳴らしてごほうびをあげます。それでは10回連続で、猫がふくらはぎの付箋紙にタッチする度に、クリッカーを鳴らし、クレーンドロップで猫の正面にごほうびを落としてください。このとき、猫が立っている位置がヒール・ポジションで、壁やソファとあなたの間に挟まれることによって、体をまっすぐ前に向けて立つ姿勢に慣れるようになるのです。最初のセッションでは、猫がヒール・ポジションについたところで、クリッカーを鳴らしてごほうびをあげます。正しいポジションを覚えるまで、歩き方についてては気にしなくても結構です。

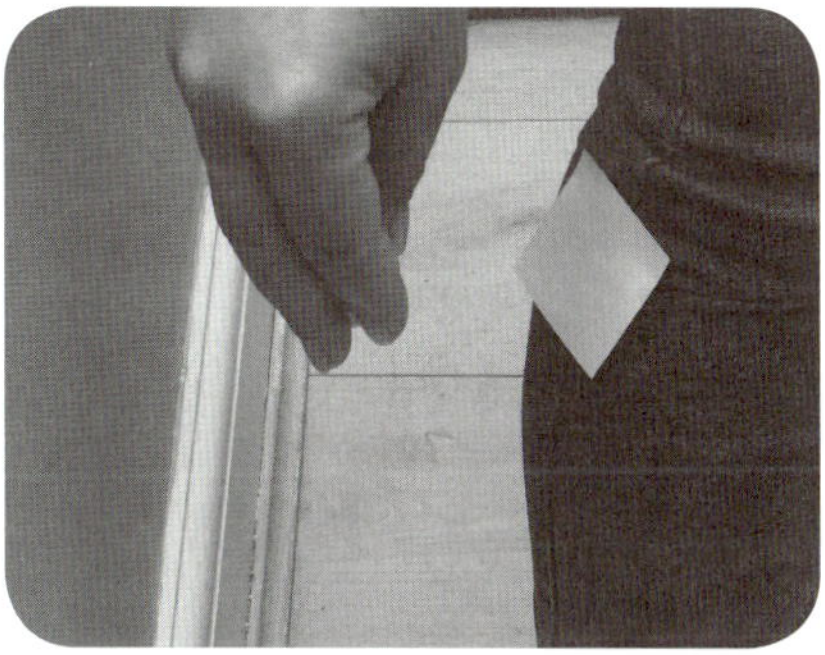

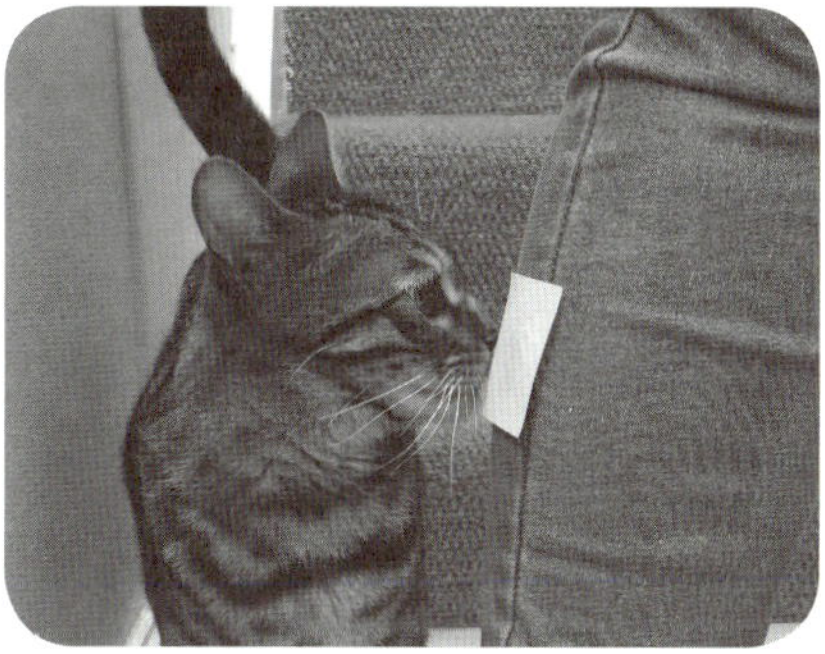

4 付箋紙をふくらはぎの外側に貼り、壁またはソファの横に立ちます。猫がターゲットの付箋紙にタッチしたら、クリッカーを鳴らしてごほうびをあげましょう。

5 付箋紙を半分にちぎってみましょう。どんどん小さくし、小さな紙切れになってもタッチするようにトレーニングします。

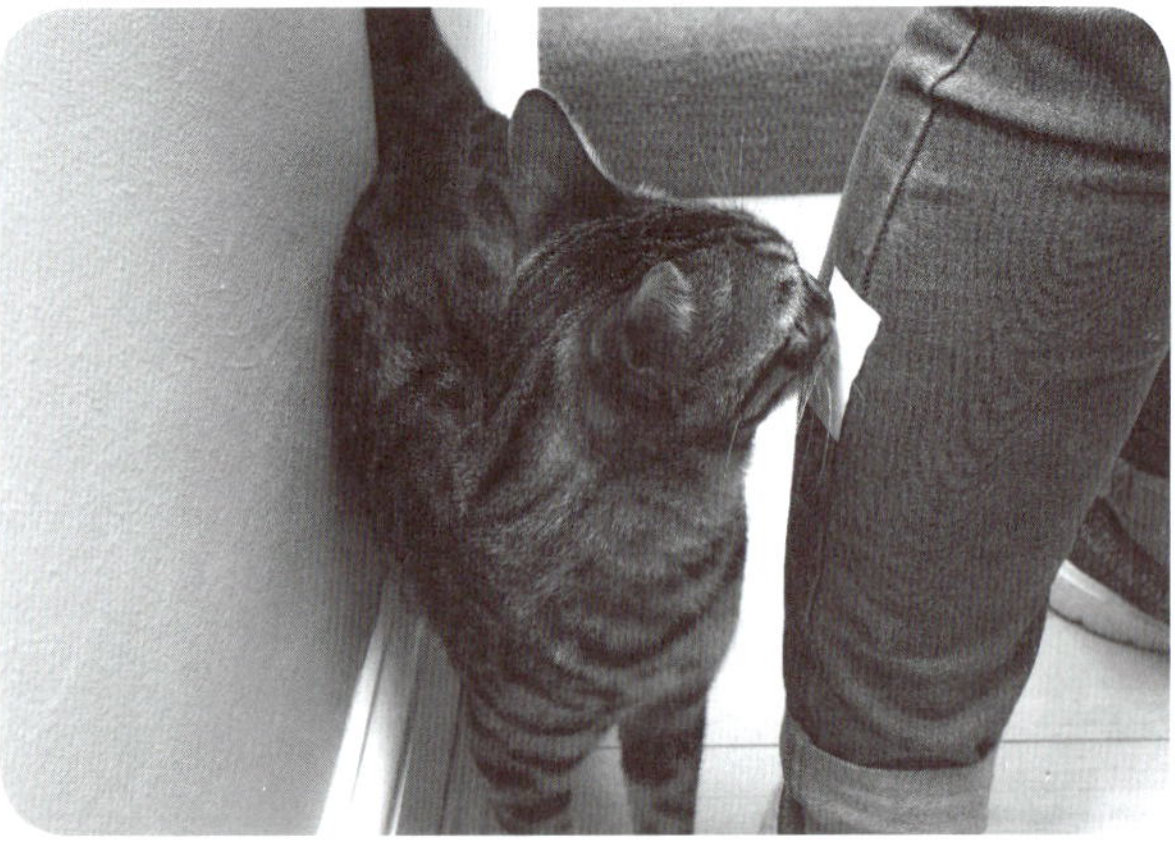

5 次に、ふくらはぎに貼った付箋紙のターゲットに猫がタッチしたら、足を1歩ずつ前に出していきましょう。猫にとっては、「ターゲットにタッチ」すると「タッチした足が前に出る」という動きになります。前に出した足に猫がタッチしたら、クリッカーを鳴らしてごほうびをあげましょう。あなたがその位置に立てば、猫も必ずやって来てヒール・ポジションにつくようになったら、部屋の中の別の場所に移動してやってみましょう。

6 次のステップでは、ふくらはぎから付箋紙のターゲットを取りはずします。そのためには、まず付箋紙を半分にちぎって練習し、その付箋紙をさらに半分にして練習し、たとえターゲットが小さな紙切れになってもタッチをするように練習を重ねます。

7 さあ、ここでコマンドを加えましょう。これは猫を真横に立たせるためのコマンドです。私たちは「クロース」という言葉を使いますが、ほかにも、「ヒール」「タイト」「つけ」「ついて」などもよく使われます。まず、「クロース」のコマンドを出し、猫が鼻タッチをするのを待ちます。タッチしたら足を1歩前に出し、もう1度鼻タッチしたところで、クリッカーを鳴らしてごほうびをあげます。あなたが1歩踏み出したら、その位置まで進んで来て足にタッチをすればごほうびがもらえる、と猫が覚えるまで、何度もくり返し練習してください。

8 「クロース」のコマンドで前に踏み出した足のところまで進んで「足に鼻タッチ」することを猫が覚えたら、いよいよ完全にターゲットなしでの挑戦です。付箋紙を貼らずに、「クロース」というコマンドだけで指示をしてみましょう。ターゲットがなくても、コマンドに従って、正しいヒールができたら、その度にクリッカーを鳴らし、ごほうびにふさわしいごちそうをあげましょう。

9 コマンドに従って、猫が難なくヒール・ポジションにつき、鼻タッチした足が前に出ても動じずに足の横についていくようになったら、実際に歩いてみましょう。この練習を始めた瞬間から、ルールを変えます。ゆっくりと歩き、猫が足にタッチしたら、その都度クリッカーを鳴らし、クレーンドロップでごほうびをあげるのです。あせらずにゆっくり歩いて練習を重ねてください。この段階では、猫が立ち止まってしまうことや、クレーンドロップで落としたごほうびのチキンをくわえてどこかに行こうとすることもよくありますが、気にしなくても大丈夫――そんなときは、あなたも立ち止まり、猫のほうから足の横に近寄ってきて鼻タッチをするのを待ちましょう。

10 ここまでくれば、後は楽勝。単に距離を延ばしていくだけです。それでは、その場からドアまで歩いてみましょう。クロースのコマンドに従って、猫があなたの足にタッチする度に、クレーンドロップでごほうびを落とします。ごほうびは1回のタッチごとに必ずあ

8 慣れてきたら、いよいよ付箋紙を貼らずに、コマンドだけで鼻タッチができるか挑戦です。

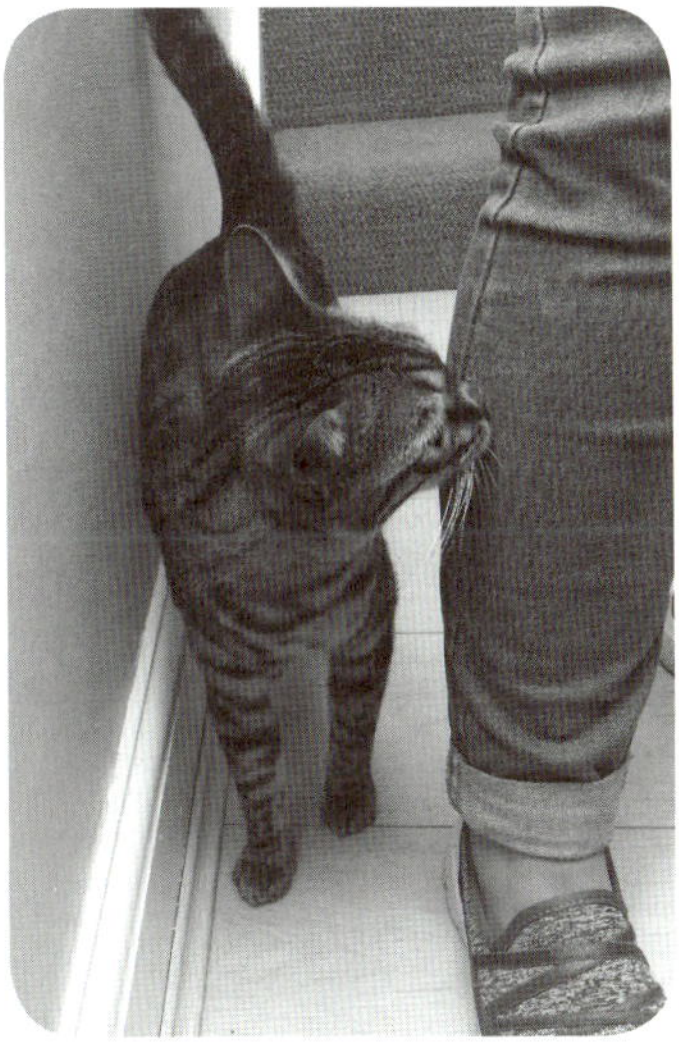

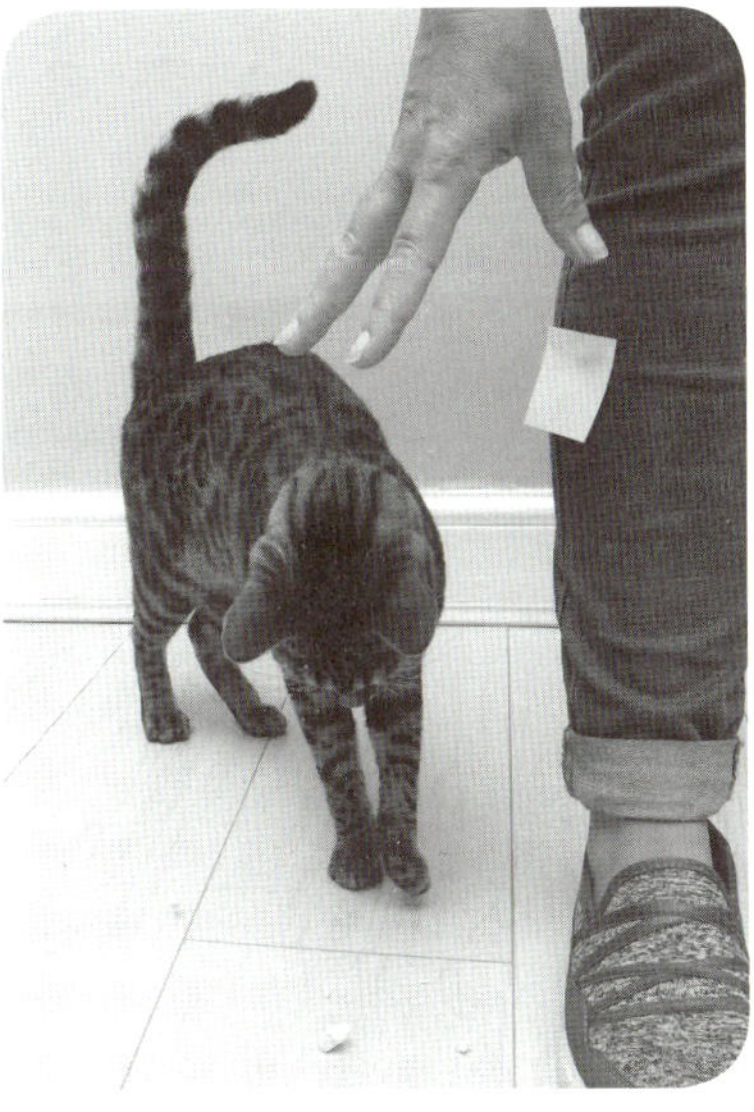

げてください。

11 これを何セッションもくり返せば、かなり定着してくるはずです。猫がヒール・ポジションにつき、あなたの足の横に猫の鼻先がある時間が、だんだん長くなってきたことが実感できるでしょう。それでは、コマンドを出して、猫をヒール・ポジションにつかせましょう。部屋の端から端まで歩きますが、鼻タッチの回数に関係なく、クレーンドロップのごほうびは5回にします。これにより、ていねいでしっかりとした鼻タッチになるはずです。

12 この後の数セッションは、ごほうびのおやつを食べ過ぎないように、歩く速度を上げることと、ごほうびの数を減らすことを目標に練習を重ねていきましょう。

13 練習を続け、ヒールのごほうびの数を、ゆっくり時間をかけて減らしていきます。

14 確実にできるようになったら、場所を変えてやってみましょう。まずは部屋の中のいろいろな場所で、次に部屋を変えて、そしていずれはどこでも好きな場所で！　たとえ「クロース」のコマンドに確実に従うようになっても、車道の近くなど、猫に危険が及ぶ可能性がある場所では決して行わないでください。

卓上ベルを鳴らす

芸のタイプ
応用

ＹｏｕＴｕｂｅで大絶賛
猫は一般に、新しい音に慣れることによって、新しい物事に対して物おじしなくなります。これからご紹介するトレーニングでベルを鳴らせるようになれば、スイッチボタンを押すこともできます。お次の挑戦は、明かりをつけたり消したり、ステレオの音楽をかけたり止めたり、というのはどうでしょう！

用意するもの
卓上タイプの呼び鈴（コールベル）、クリッカー、お皿、おやつ、テーブルと椅子。

２匹の猫がテーブルに置かれたお皿を前にして座り、ベルを鳴らして飼い主さんにおやつのおかわりをねだる、という動画がＹｏｕＴｕｂｅで大人気です。この芸の教え方はいたってシンプルですが、高視聴回数を獲得できるかどうかは、「お膳立て」がカギを握ります。

最初はベルを鳴らすトレーニングから。いずれは椅子に座って、テーブルの上のベルを鳴らすトレーニングをします。最高の動画を撮りたかったら、テーブルの上は小道具のごちそうを並べなくてはなりませんね。

最初に準備しておくのは、ベルとクリッカー、そしてごほうびですが、セッション2ではテーブルと椅子も必要になります。セッション3では本番のショータイムに向けて、お望みのテーブルアレンジに必要なごちそうなどの小道具も準備しておきましょう。

それでは、トレーニングルームの床の真ん中に、ベルを置いてください。トレーニング方法には2通りあります。この芸を1から教える方法、つまり肉球でベルを鳴らす方法と、これまでやってきた鼻タッチで鳴らす方法です。どちらを選ぶかで教え方は異なってきます。私なら肉球で鳴らすほうを選びますね。そのほうが視聴者にウケると思うので。鼻で鳴らす場合は、この後で紹介する方法でベルの音に慣れさせた後、ベルに付箋紙を貼り、鼻タッチで音を出せるようになるまで、時間をかけて何度もくり返し練習します。連続して成功するようになったら、付箋紙を徐々に小さくしていき、最終的に付箋紙なしでもできるようなったら、「リンリン」のコマンドでベルを鳴らせるようにします。その後、126ページのステップ6に進み、同じことを椅子に座ってもできるようにします。

笛の合図で鼻タッチをするトレーニングのときと同じように、まずは猫をベルの音に慣

1

おやつを猫に見せてから床に置き、その上にベルをかぶせます。

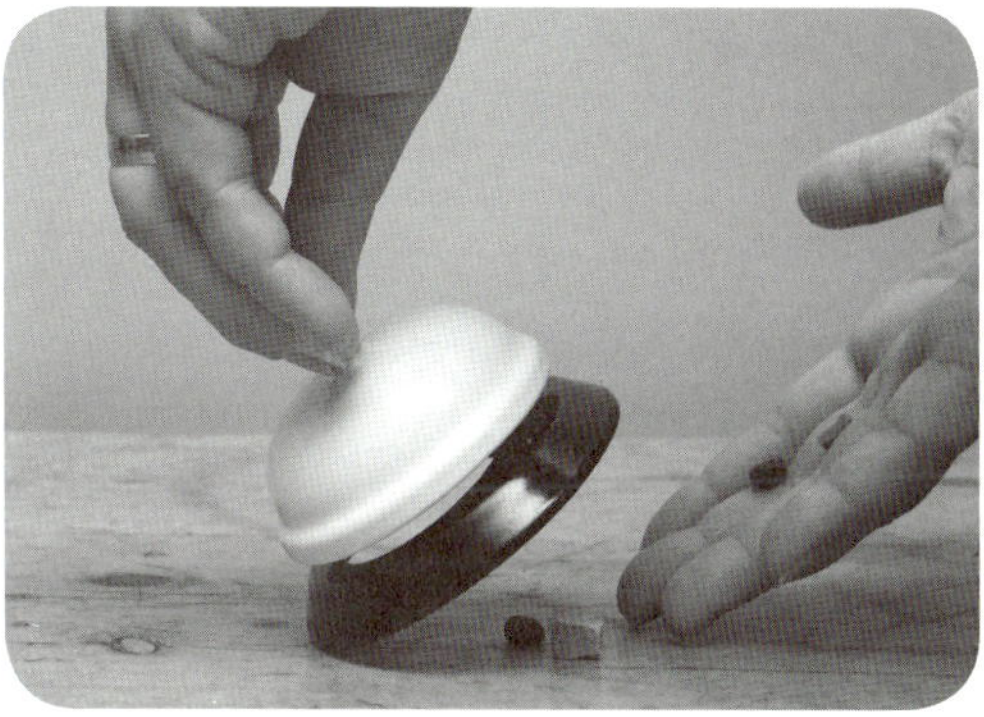

2

おやつを探そうと猫がベルを引っかいたらクリッカーを鳴らし、ベルを持ち上げておやつを食べさせてあげます。

れさせましょう。ベルを鳴らしてからおやつをあげてください。最初のうちはベルを猫から離れた場所で鳴らし、セッションを重ねるごとに近づけていきます。やがてベルを鳴らせば猫が楽しそうに身を乗り出してきて、ベルの近くに置かれたおやつを食べるようになったら、トレーニングを始める準備ができたということです。

1 肉球でベルを鳴らす方法を選んだ場合には、まず数個のおやつを、猫に見せるようにして床に置いた後、その上にベルをかぶせておやつを隠します。

2 おやつを探そうとして、猫はベルの周りを探り始めます。猫がベルを引っかいたら、クリッカーを鳴らし、ベルを持ち上げ、中のごほうびを全部食べさせてあげます。

3 この練習をくり返しますが、ベルを床に置いた瞬間に、猫がまっすぐその場に近寄ってくるようになった時点から、猫がベルを引っかくと同時にクリッカーを鳴らした後、ベルは持ち上げず、かわりにあなたが隠し持っている別のおやつをあげます。どうすればごほうびがもらえるか、猫が完全に覚えるまで、練習を続けてください。

4 猫がまっすぐ、ベルを引っかきに来るようになったら、ベルの下の誘惑用のおやつを取り除いて、さらに練習を重ねます。

5 今度は、1回ごとにベルを床から回収し、再び床に置いた瞬間に肉球タッチをさせます。

次のステップでは、猫をおやつで釣りながら、椅子に飛び乗らせる練習をします。

猫が自信満々でこの遊びにのぞむようになるまで、くり返し練習してください。

できるようになりましたか？――それでは小道具を足していきましょう。最初は、何もないテーブルで始めます――猫が気を散らすものはどけておきましょう。猫を座らせたい場所の前にはお皿だけを置きます。おやつで釣りながら、猫を椅子に飛び乗らせてください。ここからはすべてのセッションを、おやつを使って猫を椅子に乗らせてから始めることをおすすめします――こうすることで、猫は椅子の上にいることに慣れ、同時にそこが猫にとって「おいしいものがもらえる場所」になるからのです。必ず、猫に占領され続けてもかまわない椅子を用意してくださいね。この練習をした後、その椅子は猫のお気に入りの場所になるはずですから。おやつを見せなくても椅子に登りたがるようになったら、こちらの思惑どおり。次のステップに進みましょう。

6 まず、椅子の上にいる猫から少し離れて、ベルを持って立ってください。肉球タッチで床の上のベルを鳴らすトレーニングをしたときと同じくらいの位置になるように、猫の前にベルを差し出します。猫がベルを鳴らせたらクリッカーを鳴らし、ごほうびをあげます。猫がベルを鳴らしたら、その都度ごほうびを目の前のお皿の上に置き、差し出したベルは元の位置に戻します。再びベルを差し出す。猫がベルを鳴らす、クリッカーを鳴らしてお

6

猫の座っている椅子から少し離れて、ベルを持って立ちましょう。猫がベルを鳴らせたらクリッカーを鳴らし、ごほうびを目の前のお皿に置きます。

皿の上のごほうびを置いて食べさせる、ベルを戻す、という流れをくり返し練習します。

7 そのうちに、猫は簡単にこの動作ができるようになります。そうなったら、ベルを猫の目の前から少しずつ離して、毎回テーブルの上に置く形で差し出すようにしていきます。猫がテーブルの上のベルに前足を伸ばすようになったら、あなたも少しずつベルから手を離し始め、最終的には、テーブルに置かれたままのベルを猫がくり返し鳴らし、その都度お皿にごほうびを置いてあげるようにします。

8 いよいよ、小道具の出番です。本物の食べ物をあれこれ並べたりはしないでください——まだ達人レベルの自制心が身についていない段階では、まずはベルを鳴らすのを成功させることを優先しましょう。

9 ベル鳴らしさんの気を散らさないように、最初のうちは作り物のごちそうなどの小道具は、テーブルの上の、猫から遠い位置に置きます。セッションを重ねるごとに、それを少しずつ近づけていき、あなたのお望みの場所までくれば……。あら不思議！　ＹｏｕＴｕｂｅの定番動画、「ベルを鳴らす猫」のできあがりです‼

8

慣れてきたら、作り物のごちそうをテーブルの遠いところに置きます。

9

だんだんごちそうを近づけていき、上手く身を乗り出したところで「ベル鳴らし猫」の完成です!

催眠術

トレーニング期間　1日3セッションを2週間（1セッションは5分）
芸のタイプ　インスタグラムで大反響
応用　2つの動作を組み合わせて、1つの動作をしているように見せるのがこの芸。さらに、ここで培った演技力を使って、「バキューン（撃たれたー）」といった魔法の芸も教えてみましょう。
用意するもの　クリッカー、おやつ

犬の催眠術芸の動画は、ソーシャルメディア上で、特に反響が大きいようです——だったら、それをあなたの猫がやってみてはどうでしょう！　あなたがたとえネット動画の投稿に興味がなくても、友人が来たときに披露すれば、大いに盛り上がること間違いなしです。

1 まず、猫に「伏せ」をさせます。これができない場合にはページと時間をさかのぼり、

1 まず「伏せ」をさせます。

基本レベルのトレーニングをもう1度やってください。

2 さて、これから猫の肩越しにごほうびをあげます。そのためには、伏せの姿勢で胸を床につけている状態の猫にごほうびを見せて、猫の正面から後方に向かって4分の1の円弧を描くようにごほうびを動かします。このようにすると、猫はこれを食べるために顔を肩のほうに向ける形になり、同時に体が横に傾き始めます。猫が体を少しでも傾けたら、クリッカーを鳴らしておやつをあげます。

3 この動きが自然にできるようになるまでくり返します。

4 次のステップでは、もう少し後ろまでおやつを動かして、猫の背中側、肩甲骨の上辺りまで持っていきます。こうなると、猫はさらに体を傾けなくてはおやつが食べられません。猫が最大限まで体を傾けたと思ったところで、クリッカーを鳴らしておやつをあげます。これを10回くり返してください。この段階になると、くり返し練習しているうちに、猫が楽な姿勢をとろうとして、ゴロンと体を倒し完全に横向きに寝た姿勢をとるようになります。それができたら、大きなごほうびをあげましょう——おやつをたっぷりあげて、撫でてあげるのです。

5 毎回思いっきり体を傾けて横向きの姿勢が作れるようになったら、今度はおやつを頭上に持っていき、それから顔の前まで動かします。すると猫は頭を床面につけて横向きで寝

2 次は猫の肩越しにごほうびをあげます。伏せの姿勢の猫にごほうびを見せ、後ろに向かって円を描くようにごほうびを動かし、猫が顔を肩の方に傾けるようにします。

そべった姿勢になります。この姿勢をじっと保つことができるように、猫にとって楽な姿勢をとったタイミングでごほうびをあげることが重要です。

6 これを2回以上くり返し、おやつが肩の位置に来たら、体を倒して横向きになることを猫に覚えさせます。

7 この芸では第2段階として、基本的なアイ・コンタクトも使っていきます。アイ・コンタクトをとるためには、「伏せ」をさせる際に、まずは猫におやつを見せ、そのおやつをあなたの目の高さまで持っていくのです。このトレーニングでは最初からコマンドを使います。「伏せ」のコマンドとして「あなたはだんだん眠くなる。眠くなる。眠くなる」と声をかけながら猫の目を見つめ、同時にごほうびをあなたの鼻先まで持っていき、「伏せ」ができたらクリッカーを鳴らしてごほうびをあげます。次に2つ目のおやつを手に持ち、「眠れ」と声をかけて、ごほうびを猫の肩の辺りに持っていきます。それぞれの動作がスムーズにできるようになるまでくり返し練習してください。

8 それでは、2つの動きを組み合わせてやってみましょう。「あなたはだんだん眠くなる……」と言いながら、ごほうびを鼻の高さに持っていき「伏せ」をさせ、「眠れ」と言いながらごほうびを猫の肩の上方に移動し、猫が体を横に倒したところでクリッカーを鳴らしてごほうびをあげます。

9 ここからは猫が体を横向きにして寝そべっている時間を、徐々に長くしていきましょう。クリッカーを鳴らすのは最初にごほうびをあげるときの1度だけです。(ごほうびをあげる度に鳴らすのではなく)。その後、猫が体を横に倒した姿勢を保っていたら、その間は1秒ごとにごほうびをあげ続けるのです。

10 それでは、ごほうびをあげる間隔を長くしていきましょう。横になっている間にあげるごほうびを2秒目、6秒目、10秒目にします。「眠れ」の言葉で、10秒間横になったままでいられるようになるまで、くり返し練習しましょう。

ウィーブ

［歩いている人の足の間をジグザグにくぐりながら一緒に進むこと］

トレーニング期間　1日3セッションを3週間（1セッションは5分）

芸のタイプ　フェイスブックで大量の「いいね！」や「シェア」を獲得

応用　ウィーブができるようになったら？　今度は足以外のものを、ジグザグに通り抜けて進むトレーニングに挑戦してみましょう。並んだポールの間や、工事現場で使われるロードコーンの間を通り抜ければ、大絶賛されること間違いなしです。さらには、この芸の一部を応用して、レッグ・ラップ（足の周りをぐるりと回る）を教えることもできます。さらに、レッグ・ラップに距離を加えれば、コマンドを出すと走っていって目標物の周りをぐるりと回る、といった芸も教えられます。

用意するもの　クリッカー、おやつ、ロードコーン。

1 おやつを手に持ち、足を逆Vの字になるように開いたら、両足を前後に少しずらします。

2 おやつで釣りながら、いまやトレーニングのベテランとなったあなたの猫に、足の間をくぐらせましょう。おやつを持った手を足の間から伸ばして猫を引き寄せ、片方の足の周

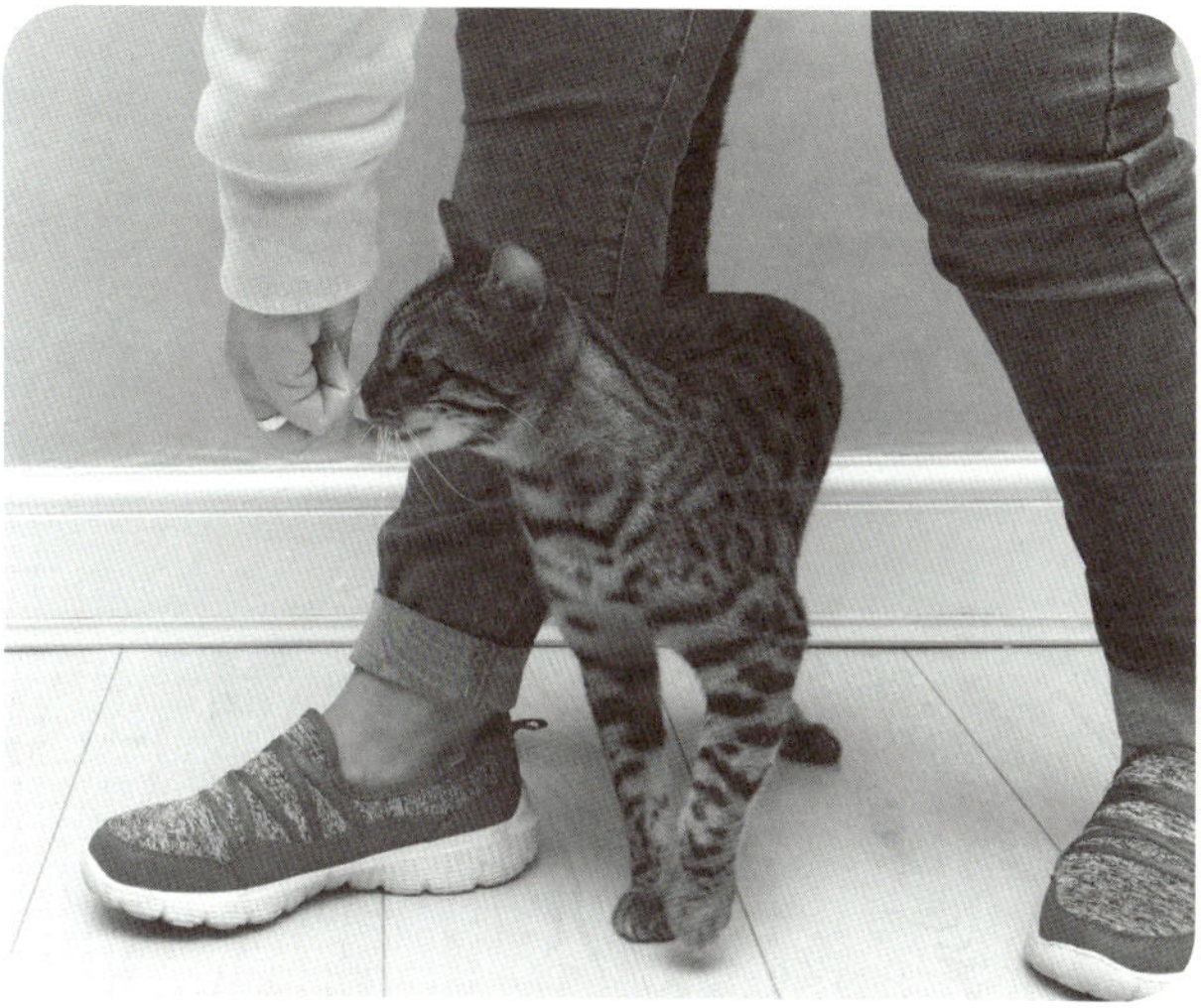

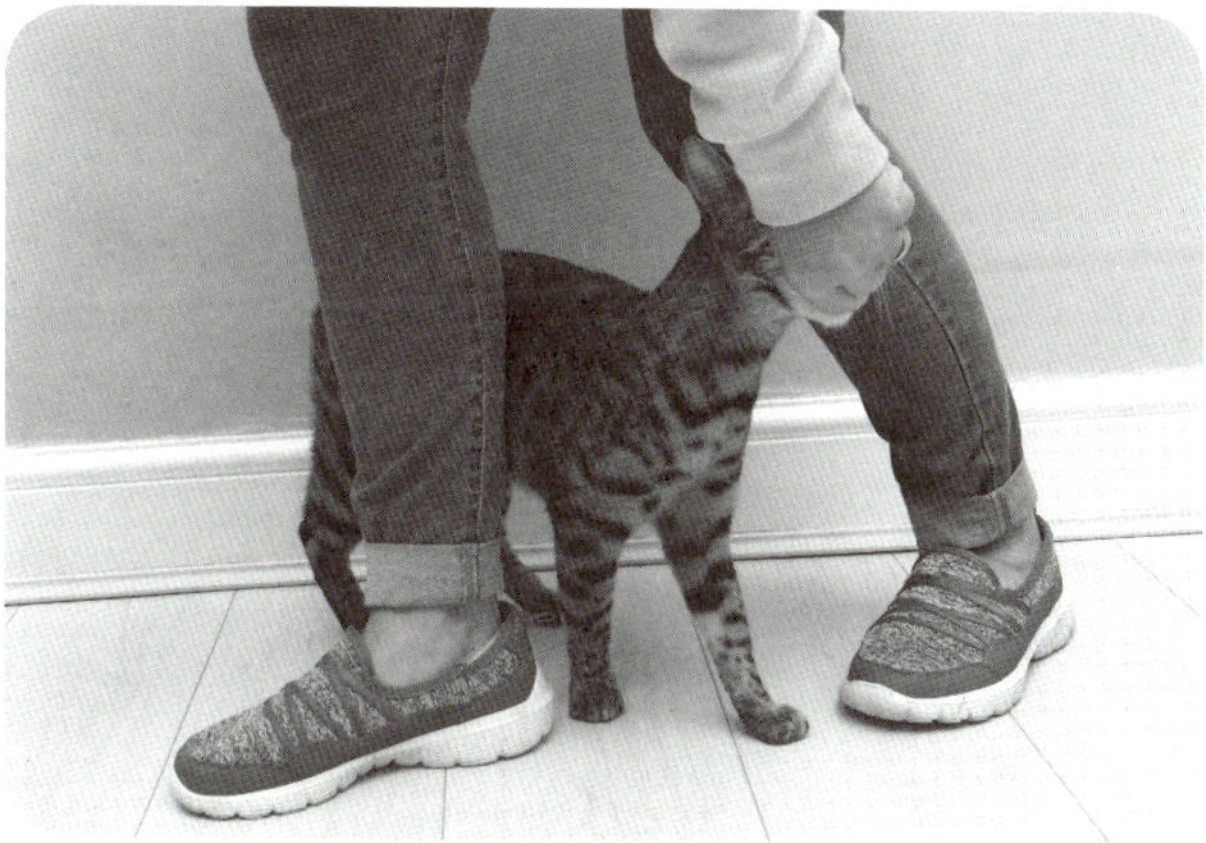

2 おやつで釣りながら、足の間をくぐらせましょう。

りをぐるりと回らせ、正面に戻ってくるように誘導します。次に、もう片方の足を前に出し、同じことをくり返します。猫が正面に戻ってきたところで、クリッカーを鳴らしてごほうびをあげます。

3 2つの動作を続けて行う練習をくり返してください。最初はぎこちなくても大丈夫。スピードは慣れるにしたがってついてくるものです。

4 この動作がなめらかにできるようになったら、次はお馴染みの、おやつで釣る動きを減らしていく段階です。

5 次のセッションでは、①最初の足を回ったところでクリッカーを鳴らし、②反対の足を回ったところでごほうびをあげますが、手にはおやつを持ちません。つまり、おやつを持っていると見せかけた手で、猫を誘導するのです。③次も同様に、最初の足を回ったところでクリッカーを鳴らし、次の足を回ったところでごほうびをあげますが、今度は手を使って猫を誘導せず、手をあなたの足の外側の低い位置につけた状態にしてやってみましょう。④反対の足も、手で誘導せずに同じことをくり返してください。これができるようになったら、トレーニングルームの中を行ったり来たりして、あるいはじゅうぶんなスペースがない場合にはその場で足を交互に動かしながら、4つの動作を連続して練習してください。ここでしっかりと練習を重ね、スムーズな動きができるようにしておきましょう。

5

慣れてきたら、手にはおやつを持たず、持っていると見せかけた手で猫を誘導します。

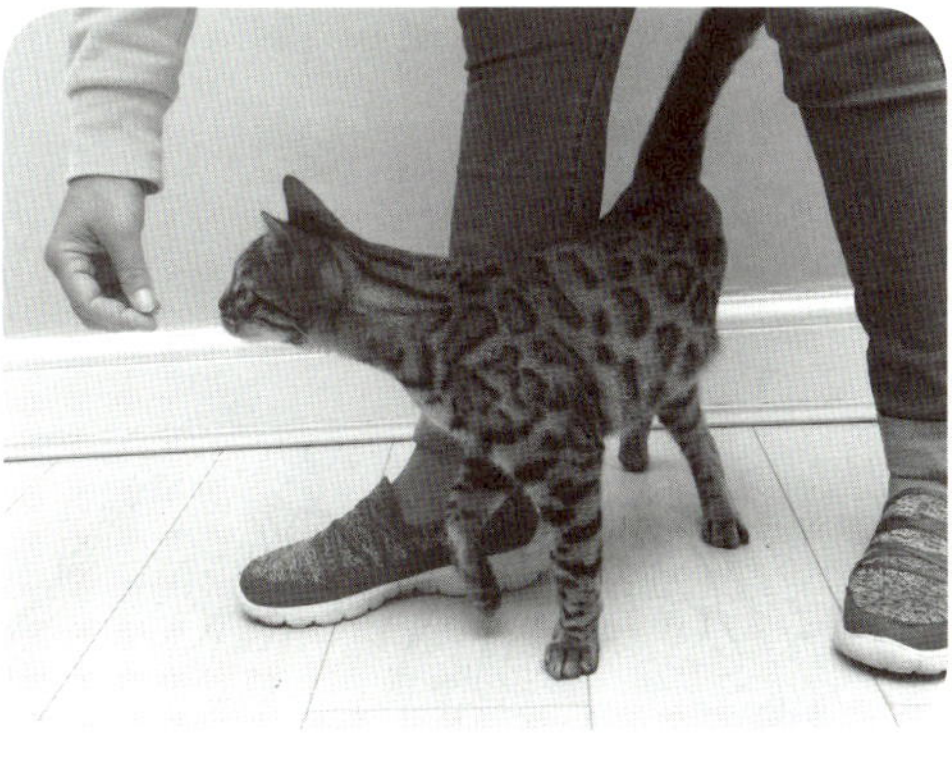

6 もうおわかりですね。そう、次はおやつを持ったふりをして誘導する動きをさらに減らしていきます。足を逆Vの字に開いて立ち、猫がごほうびを期待して足の周りを回るのを待ちましょう。猫が自発的に足の周りを回り始めた瞬間に、これまでごほうびをあげていた正面の位置に、あなたの手を差し出します。猫があなたの足を回って正面に出てきたら、クリッカーを鳴らしてごほうびをあげます。これをくり返し練習してください。

7 これがなめらかにできるようになったら、今度は両方の足を回り終えてからクリッカーを鳴らしてごほうびをあげるようにします。足を逆Vの字に広げて猫が足の周りを回るのを待ち、1本目の足を回り始めたら、反対の足の前に手を差し出して猫を引き寄せ、猫が正面に戻ってきたら、これまでクリッカーとごほうびをあげていたタイミングに合わせて反対の足を出し、その足の周りを回らせるのです。これが流れるような動きでできるようになるまで練習しましょう。速さも伴えば理想的ですね！　これができるようになったら、足を逆V字に構えた時点で、「ウィーブ」のコマンドを与えていきましょう。

8 ここから数週間以上をかけて、スピードをつけることと、おやつの数を減らすことを目標に毎日練習を重ねていきましょう。スピードと確実性が上がったら、4歩連続で足の周りを回ってから、クリッカーを鳴らしてごほうびをあげるようにし、さらに練習を重ねて、1度コマンドを与えればクリッカーを鳴らすまでウィーブを続けられるようにしていくのです。

9 猫の頭と同じくらいの高さの台にスマホを置いて、ソーシャルメディアに載せるクールな動画を撮影してください。これに小道具を追加するのもいいアイデアですね！

足拭き

トレーニング期間　1日3〜5セッションを2週間。1セッションは2分。

芸のタイプ　最高に実用的なしつけ。訪問客を大爆笑させる芸。

応用　コマンドで引っかく動作ができるようになれば、これを応用して、コマンドを出して爪とぎポールで爪を研がせることや、「箱からおもちゃを出して」を教えられます。

用意するもの　玄関マット、ごほうび。

1 用意した玄関マットをめくり、その下においしいごちそうを散らばして猫に見せます。

2 玄関マットをもとに戻し、ずれないように足で押さえますが、猫が思いっきり上を見上げなくてもすむように、あなたもかがんでトレーニングを続けましょう。

3 猫が理解できていないようだったら、マットをめくってにおいを嗅がせ、マットの下にごほうびがあることを教えます。

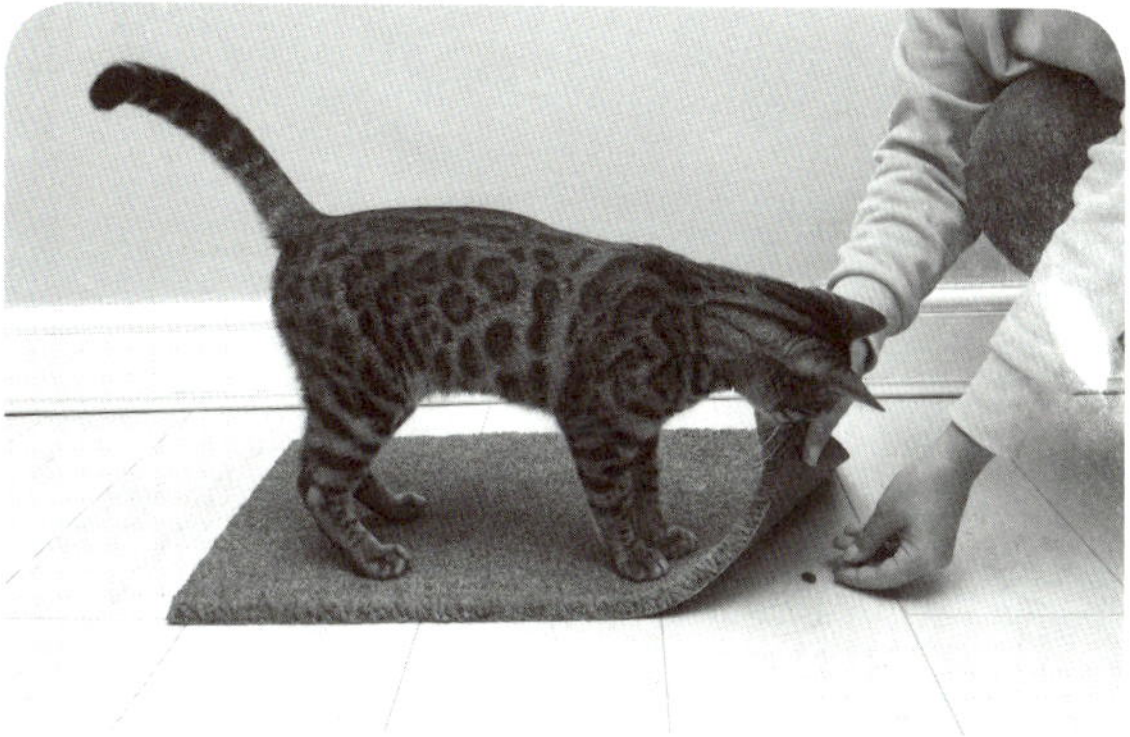

1 玄関マットの下にごちそうを置き、猫に見せます。

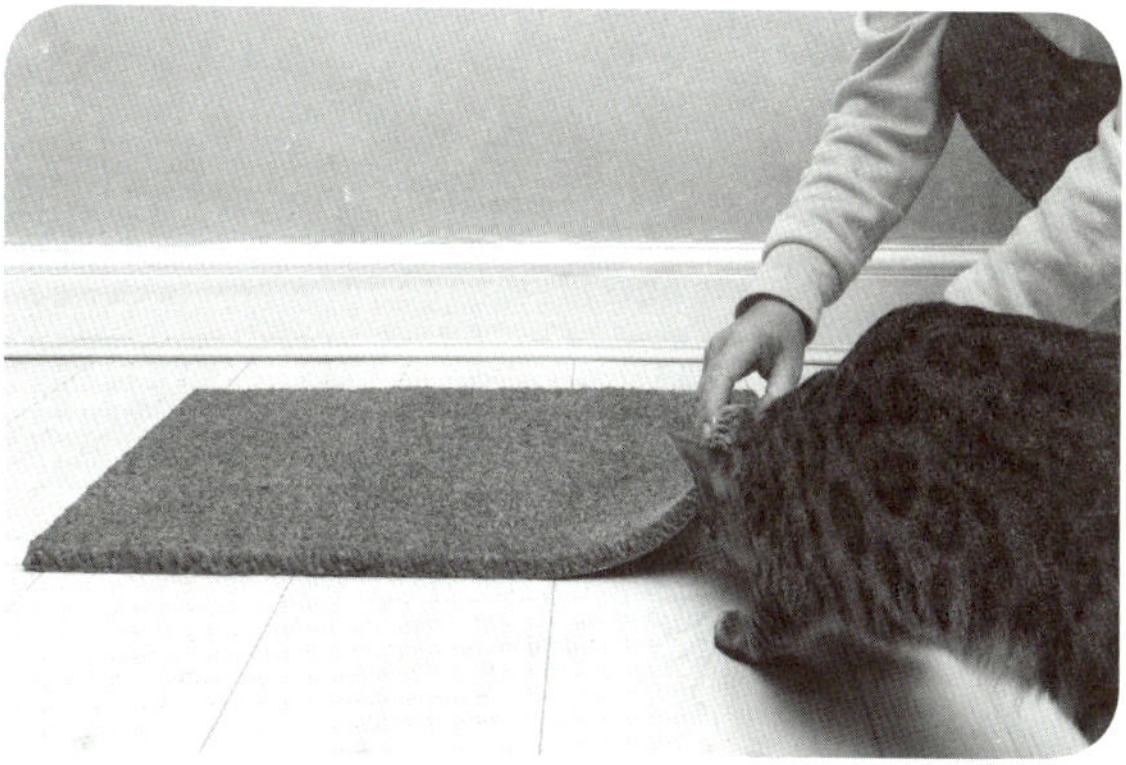

3 猫が理解できていないようだったら、マットをめくってごほうびのにおいを嗅がせましょう。

4 猫がマットを爪で引っかき始めたら、クリッカーを鳴らしてマットをめくり、マットの下のビュッフェを食べさせましょう。

5 これを5回くり返してください。

6 さらにくり返しますが、ここからは、クリッカーの後、マット下のビュッフェではなく、別に用意したごほうびを手からあげます。

7 これを5回くり返した後、6回目にマットの下のごほうびを食べさせてあげます。

8 次のセッションでは、徐々にマットの下のおやつを減らしていき、6回目にはおやつを完全に取り除きます。

9 クリッカー&ごほうびを期待して、猫が自発的にマットを引っかくまで待ちます。気まぐれな愛猫ちゃんを信じて、辛抱強く待ってあげてくださいね。ちょっとくらい辺りをうろうろしても、きっとマットのところに戻って来るでしょう!

10 マットを引っかけばごほうびがもらえることを猫が理解したら、コマンドを加えます。猫がマットに近づいてきたところで「足を拭いて」と言い、足を拭く動作ができたらクリッカーを鳴らしてごほうびをあげます。

11 この後は、あなたは少しずつマットから離れていき、遠い位置からコマンドを与えても足拭きができるようにしていきます。

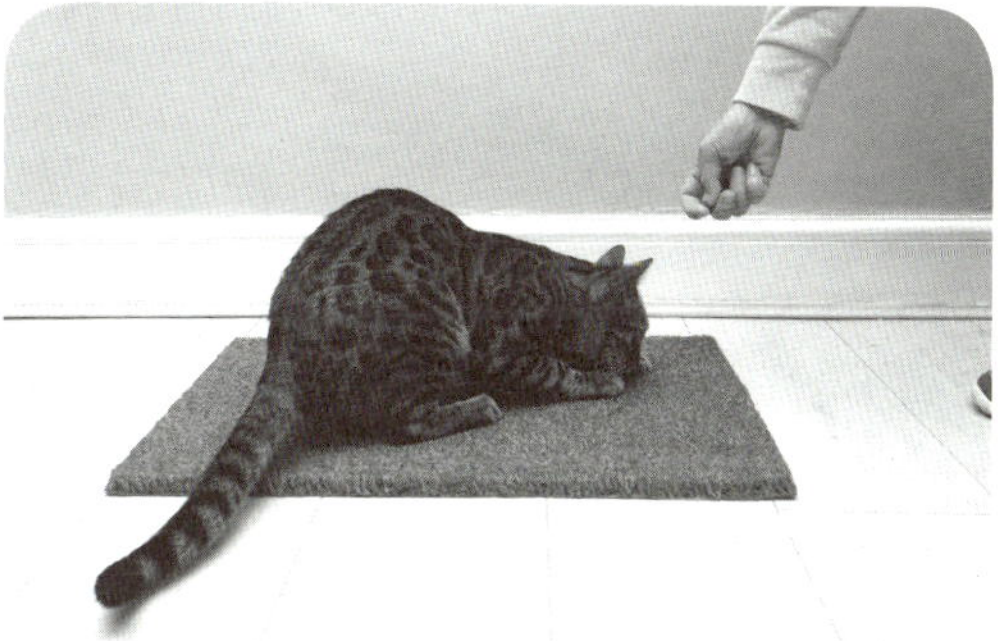

4 猫がマットを引っかき始めたら、クリッカーを鳴らしてマットをめくり、ごほうびを食べさせます。

12 この芸は本当に実用的です。「猫を飼っているから白いソファが置けないの」なんて言っているのも、過去の話になりますね。

10 慣れてきたら、猫がマットに近づいてきたところでコマンドを与えます。

上級レベルの芸
［複合芸］

素晴らしい！　これまでの初級、中級2つのレベルを、あっさりとクリアしてきたあなたには、ここで躊躇している理由などまったく見当たりませんね。あなたのパートナーは、芸の才能に長けた忍者のような猫です。このことを念頭において最後に用意した2つの芸は、他の芸を考案する際に使える個々の芸を組み合わせて作った複合芸です。いわば、1つ1つの芸という輪をつなげて作った鎖のような芸なのです。鎖を作る輪となるのは、「口にくわえて持つ」、「口にくわえて持ってくる」、「口にくわえたままで人間の手に鼻タッチ」、「口にくわえたものを離す」、「目標物の上に飛び乗る」、「離れたところで位置につく」、「集中して、コマンドを与えるまでじっとしている」という芸です。それでは、これらをつなげて、試しに2本の鎖を作ってみるとしましょう。つまり今後は、あなたが自由に輪をはずして組み合わせ、新しい鎖を作れるのです――シーザーサラダをアレンジして、チキンのかわりにサーモンを乗せるみたいに。

口を使った芸

トレーニング期間
6週間。1日につき約5分のセッションを3回。

応用
口を使った芸は、コマンドに従って特定のアイテムを、拾ってくる、探して拾ってくる、くわえたままでいる、口から離す等々、例を挙げればきりがありません。このトレーニングを使えば、「口にプラカードをくわえる」、「鳴っている電話を持ってくる」といった芸を最高の表現方法で仕上げることができます。さらには、「ダンベルを持ってくる」を教え、これにヒールとジャンプを組み合わせて、オビディエンス（飼い主への従順さを競う犬の競技）の審査員をあっと言わせ、犬にできるのなら猫にだってできるということを証明してみせましょう！

用意するもの
クリッカー、猫がくわえるアイテムを数種。

口にくわえる

最初にトレーニングするのは、アイテムを口に「くわえる」という動作です。犬と同様、猫も捕食者ですから、獲物を捕らえるため、そしてそれを仕留めて食べるために口を使います。つまり「くわえる」という動作は、猫にとってはさほど特別なことではないのです。

1 猫が口に入れても不快でないアイテムを選びましょう。猫用のおもちゃでも結構ですが、私は何が猫用のおもちゃで何がそうでないのかをはっきりと区別するのはあまり好まないので、リボンや、人間の子供用のおもちゃ、小ぶりのペンキ用ローラーなどを使っています。猫に首輪を持ってきてほしかったら、首輪でトレーニングを始めればいいし、携帯電話を持ってきてほしかったら、太く撚《よ》った紐をつけた携帯電話でトレーニングを始めればいいのです。

2 アイテムを手に持って差し出し、猫がアイテムに興味を示して探ってきたら、その都度クリッカーを鳴らしてごほうびをあげます。最初の10回は、どんな探り方をしてもごほうびをあげましょう。アイテムは1回ごとに背後に隠してください。

3 今度は、猫がアイテムに口をつけるまで、少し様子を見ます。口をつければ、クリッカーが鳴ってごほうびがもらえることを、猫にはっきりわからせてあげましょう。何度やってもでき

1

猫が口に入れて不快でないアイテムを用意します。これは太く撚った紐をつけた携帯電話とステンレスの小皿です。

2

アイテムを差し出し、猫が興味を示して探ってきたら、クリッカーを鳴らしてごほうびを。アイテムは一回ごとに背後に隠します。

3

次のステップでは、猫がアイテムに口をつけるのを待ち、ごほうびをあげましょう。

ないときや、猫がアイテムに関心を持たなくなってしまったときは、先に進まずに、アイテムを探ったらクリッカーを鳴らしておやつをあげるステップに戻って、トレーニングを重ねてください。

4 次は、首輪や紐付き携帯電話といったアイテムに向かって、猫が口を開くまで、クリッカーを鳴らすのを控えます。少しでも歯を使う動作をしたら、クリッカーを鳴らしてごほうびをあげてください。

5 ここから、少しずつ動作を発展させていきます。この過程は、本来の目的である「くわえる」という動作をさせるために行っているということを忘れないでください。

6 トレーニングをくり返し、猫がアイテムを口に入れる段階まで持っていきます。

7 猫が明らかにアイテムを口に入れるようになったら、2本の指でアイテムを軽く引っ張って、抵抗を加えてください。こうすることで猫はアイテムを強く噛むようになります。強く噛んだら、クリッカーを鳴らしてごほうびをあげ、さらにくり返して、アイテムをしっかりと噛んで持つことを覚えさせます。

8 今度は、猫が頭を下げなくては拾えないように、アイテムを少し低い位置に差し出します。こうすることで、猫はアイテムを持ち上げる動作を始めます。持ち上げたところでクリッカーを鳴らし、アイテムを落とさないように猫から受け取ってください。どの段階でも、アイテ

6 トレーニングをくり返し、猫がアイテムを口にくわえるようになるのを待ちましょう。

ムを床に落としてしまったときには、クリッカーもごほうびもあげず、あなたがアイテムを差し出すところからやり直してください。

9 トレーニングをくり返し、差し出された位置からアイテムを拾い上げる動作を猫が覚えたと確信したら、その都度アイテムを差し出す位置を少しずつ下げていき、最終的には、床に置いたアイテムを猫に拾わせ、それをあなたが受け取るようにします。

10 この段階までできたら、がんばった猫の背中を撫でながら、たくさんほめてあげましょう。くれぐれも、愛猫がトレーニングで疲れきってしまわないように、休憩を頻繁にとることは忘れないでくださいね。

11 ここからは、アイテムを差し出して床の上に置く度に、「○○を拾って」というコマンドを加え、猫がアイテムを拾ったら、クリッカーを鳴らしてごほうびをあげます。これが5回できたら、次に進みましょう。

12 次は、猫がアイテムを拾った後、クリッカーを鳴らしてごほうびをあげるタイミングを一瞬遅らせます。すると猫はその間アイテムをくわえたままの状態でいるようになります。これを何度もくり返し、それと同時に集中力を高めるトレーニングも行います。動作の強化については本書ですでにお話ししましたので、そこで紹介した方法を使って、この段階で強化することをおすすめします。たとえ気を散らされても、コマンドに従ってアイテムをくわえるように

9

アイテムを差し出す位置を下げていき、最終的には床に置いたアイテムを猫に拾わせましょう。

12

次のステップでは、猫がアイテムを拾った後、クリッカーを鳴らすタイミングを一瞬遅らせ、アイテムをくわえたままの状態にさせます。

なれば、ここから先の芸のトレーニングに大いに役立ちます。

口にアイテムをくわえて、手に鼻タッチ

1 猫に「○○を拾って」とコマンドを出して、例えば紐付きの携帯電話など、あなたがトレーニングに使ってきたアイテムを口にくわえさせます。

2 猫がアイテムを拾い上げてくわえた時点で、「タッチ」のコマンドを出し、手のひらを差し出します。

3 猫が手に鼻タッチをした瞬間にクリッカーを鳴らし、アイテムを受け取ります。

4 クリッカーを鳴らし、ごほうびをあげてください。

5 猫が手に鼻タッチをしようとしてアイテムを落としてしまったら、クリッカーとごほうびはおあずけにして、もう1度最初からやり直します。続けて5回失敗した場合には、口にくわえるトレーニングに戻って、もう少しがんばってください。

6 これが安定してできるようになったら、あなたと猫との間の距離を延ばしていきましょう。

7 距離を延ばすには、練習をくり返す度にアイテムを置く位置を少しずつ離していくだけです。

8 携帯電話など、音が鳴っているものを持ってくるトレーニングをする場合は、この段階で音

1

まず、トレーニングに使ってきたアイテムをくわえさせます。

2

くわえた時点で「タッチ」のコマンドを出し、手を差し出しましょう。

によるコマンドを加えます。携帯を離れた場所に置いて呼び出し音を鳴らしてから、それをくわえて持ってこさせるのです。猫が呼び出し音をちょっと警戒しているようだったら、笛のところで紹介したように、音に慣らしてあげましょう。方法はいたってシンプル。1週間、朝夕のごはんをあげる度にフードボウルの横に携帯を置き、呼び出し音を聞かせるだけです。

9 猫がアイテムを口で拾い、それをくわえてあなたの手まで持ってくるようになったら、この芸は完成です。

10 アイテムをくわえたままポーズをとる（例えばプラカードをくわえて、「ちょうだい」をするなど）トレーニングがしたい場合も、やり方はまったく同じです。猫がアイテムをくわえた時点で、「ちょうだい」のコマンドを出すだけです。アイテムを落としてしまった場合や、ポーズが作れなかった場合には、それぞれの芸のトレーニングをもう1度やり直してください。鎖の輪となるこの2つの芸は、輪を組み合わせる前に確実に強化しておきましょう。

やりましたね！　これであなたは、猫に物を持ってきてもらうことができるのです。愛猫があなたのアシスタントを買って出る日も遠くありません。

8 携帯電話の場合は、離れた場所に
置いて呼び出し音を鳴らしてから、
くわえてもってこさせます。

犬やスケートボードに乗る

トレーニング期間　8週間。毎日、5〜7分のセッションを5回。
芸のタイプ　YouTubeで多くの人に共有される究極の芸当応用
私たちの番組では、美しいベンガル種の猫、リバーの飼い主であるハンナにトレーニング方法を教え、リバーがモスという名前の温和なレトリバー犬の背中に乗る芸当に挑みました。ここで使っている芸を多少入れ替えれば、自転車のかごの中にジャンプして入ることも、スケートボードに飛び乗ることもできるようになります。

用意するもの　クリッカー、おやつ、犬用のサドルバック（サドル〈鞍〉の形状をした犬用のバックパック）

1 最初は、あなたが猫を乗らせたいと思っているアイテムに、猫が興味を示した時点でクリッカーを鳴らしてごほうびをあげます。大胆にも他の動物の背中に乗らせたい、なんて考えている場合には、乗せる側の動物の背中に装着するサドルを用意してください。この段階では、サドルは動物の背中に乗せずに使います。

2 最初の数セッションは、1つ1つ着実に進めていきましょう。しっかりとした基礎があれば、

1

最初は、上に乗らせたいアイテムに興味を示しただけでクリッカーを鳴らしてごほうびをあげます。

3

次は、猫がアイテムに前足を片方おいたらごほうびを。その次は両前足、次は後ろ足…とトレーニングを重ねます。

たくさんの輪をつなげて長い鎖が作れる、ということを忘れないでくださいね。

3 猫がサドルに前足を片方置いたら、クリッカーを鳴らしてごほうびをあげます。これが難なくできるようになったら両前足を置いたところでクリッカーとごほうび。同様に3本の足、4本の足と、トレーニングを重ねます。スケートボードの場合は、3本の足を乗せるところまでトレーニングします。

4 ここでポイントになるのが、ごほうびをあげる場所です。ごほうびには、正しい位置に猫を導く役割もあるのです。ですからここでは、サドルの前部の上、あるいはサドルの真上に、ごほうびを持った手を差し出すようにします。猫がサドルの上にまっすぐ進んで来るようになるまで、何度もくり返してください。

5 それでは、猫が定位置についたときにどのような姿勢をさせるかの姿勢を決めてください。私たちは限られた時間枠の中でトレーニングをしていたため、リバーが自ら一番快適な「おすわり」の姿勢で定位置についてくれただけで満足でした。

6 バスケットの中や、犬やポニーの背中の上で猫に「ちょうだい」をさせたいと思う人もいるでしょう。それも結構ですが、今はまず、床の上に置かれたアイテムに乗って、定位置につくトレーニングを優先させましょう。スケートボードの場合は、足を蹴ってスケートボードを走らせるトレーニングをする段階です。この場合は、あなたがスケートボードの先端を手で支え、

5

猫が定位置についたときに、どのような姿勢をさせるかを決めましょう。たとえば「おすわり」など。

6

スケートボードに乗せるには、最初はボードの先端を手で支えてあげましょう。

スケートボードに猫が足を２本乗せたら、３本目の足を乗せるタイミングに合わせて手を離します。クリッカーは、スケートボードが動いた場合だけ鳴らしてください。これを何度もくり返せば、猫はすぐに、体重移動と押し出す力を使ってスケートボードを動かせるようになるでしょう。

7 確実にサドルの上の定位置につけるようになったら、サドルをソファのひじ掛けに置き、同じトレーニング（片足を乗せる、両足を乗せる等々）を最初から行い、その後、１０３ページで紹介した方法で、一連の動作を強化します。

8 ひじ掛けに置いたサドルなどのアイテムの上に、猫が喜んで乗って定位置につくようになったら、ここでコマンドを加えます。ハンナは、「リバー、ライド《乗って》」と言ってサドルを指差しました。

9 猫が定位置につけるようになったら、ここに動作を加えていきましょう。他の動物に乗らせる場合は、双方の動物（猫と、馬の役をする動物）が、「伏せて待て」、「立ちあがって」、「おいで＆鼻タッチ」、「ゆっくり歩いて」の４つの動作を覚えなくてはなりません。

10 馬役の動物にサドルを装着して「伏せ」をさせます。その上に乗るように猫に指示を出し、定位置につかせます。サドルに乗ったら、くり返しクリッカーを鳴らしてごほうびをあげましょう。猫の勇気に見合うだけのごちそうをあげてくださいね。そして、お利口にしている馬役の動物にもごほうびをあげて、その動作も忘れずに強化してあげましょう。

9 確実にサドルの上の定位置につけるようになったら、飛び乗るようにコマンドを加えます。

10

馬役の動物にサドルを装着して「伏せ」をさせ、その上に猫を乗らせて定位置につかせましょう。

11 このトレーニングを何度もくり返し行います。猫がサドルの上にいる状態で、前述のようにごちそうをあげながら、猫とあなたとの距離（離れた位置でコマンドを出しても定位置につけるように）と持続時間を強化してください。

12 それでは、馬役の動物を立ち上がらせましょう。一気に高望みをせず、まずは猫に自信を持たせることを優先し、馬役の動物に乗ろうと進んだ（両前足を上げた）時点や、少しでもサドルに足を乗せるような動作をした時点で、クリッカーを鳴らしてごほうびをあげましょう。いきなり床から馬役の動物のサドルに飛び乗らせるのではなく、まず猫をソファのひじ掛けに乗せ、そこから馬役のサドルに飛び移らせるという中間のステップを差し挟むのもいいでしょう。それによって猫は自信がつき、床からジャンプして乗れるようになる場合もあります。ためらっている猫には、最初にこのステップを行うほうが効果的です。

13 トレーニングを重ねて、ジャンプして飛び乗れたらまずごほうび。そこでコマンドを出して定位置につけたらもう1度ごほうび。そしてリリースのコマンドを出して解放してあげるようにします。

14 何度も何度もくり返し、さらに何度もくり返したら、立っている馬役の動物の上で姿勢を保つ動作を確実に強化するため、強化の項で紹介したトレーニングを行います。

12 まずはソファの上から、馬役のサドルに
飛び乗らせるトレーニングをします。

15 いよいよ、馬役の動物が動く段階です。超低速から始めましょう。最初はあなたがそばに立ち、1歩進むごとにクリッカーを鳴らしてごほうびをあげ、練習を重ねながらクリッカーとごほうびを、2歩進むごと、3歩進むごと、4歩進むごと、と減らしていきます。

16 この部分がうまくできるようになったら、馬役の動物に「待て」をさせ、猫に「乗って」のコマンドを出します。2匹が定位置についたら、コマンドを出して、馬役の動物をあなたのほうに向かってゆっくりと歩かせます。猫が姿勢を崩してしまった場合や、背中から飛び降りてしまった場合には、もう1度初めからやり直しましょう。

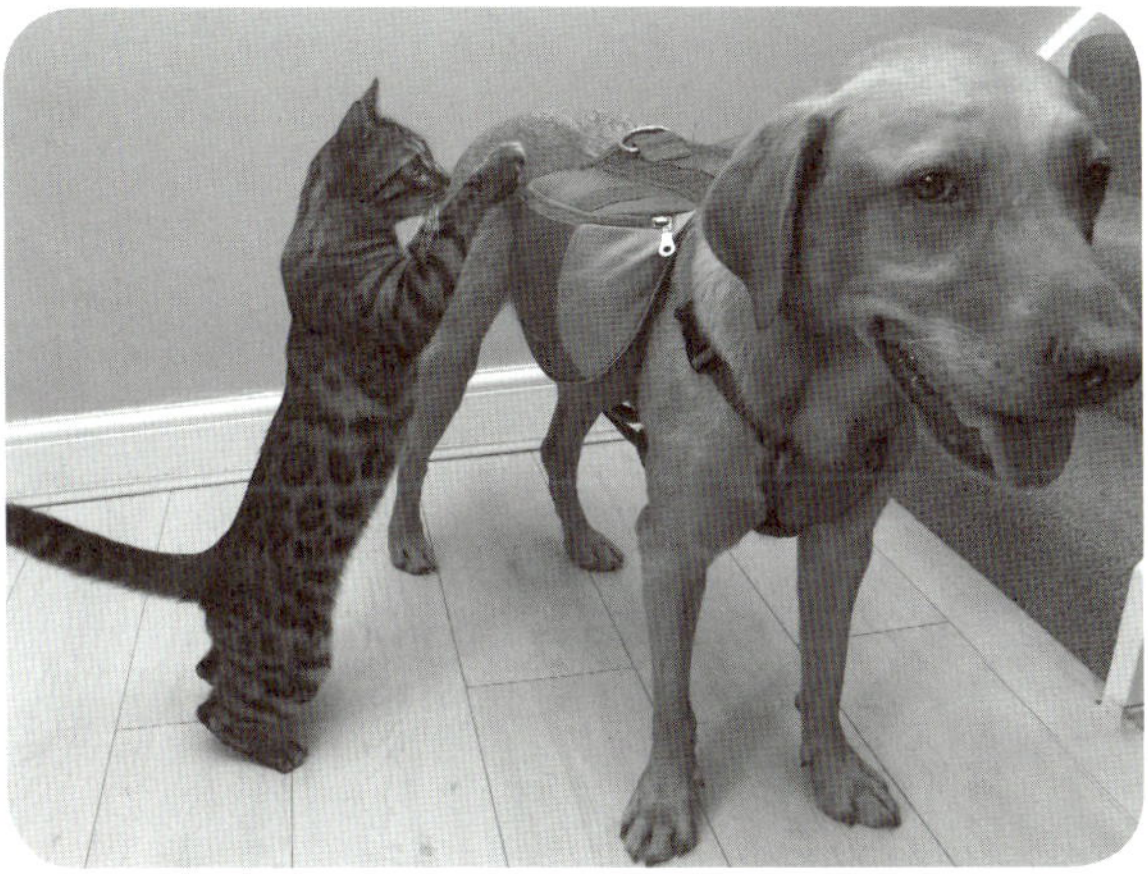

13 慣れてきたら、いよいよ馬役の動物に直接飛び乗らせます。

14 何度もくり返したら、馬役の動物の上で姿勢を保つ訓練をしましょう。

芸達者になった猫と一緒に出かけよう

古代エジプト人は猫を神として崇拝していた、って知っていましたか？　本書でトレーニングに取り組んできた皆さんには、古代エジプト人が猫を崇めた理由がよくわかるのではないでしょうか？猫は私たちに驚きと感動を与えてくれる存在で、その上とても賢いのです。本書でのトレーニングを終えた今、あなたの心は喜びでいっぱいに満たされていることでしょう。でも、あなたの旅はこれで終わりではありません。本書で学んだ芸を組み合わせて、さらなる芸のトレーニングを続けることもできるし、覚えた芸をいろいろな場所で披露してみせることもできるのです。歩みを止めることなく、常にあなたと猫が楽しむことを心掛けてトレーニングに励んでください。

幸運を祈っています。ハッピーなトレーニングを！

謝辞

何よりまず、愛するベンガル猫のミリーに感謝を。君がいたから、僕たちは猫の能力をもっと知りたいと思うようになったんだよ。

僕たちは、いつも本当にたくさんの人から、素晴らしい機会とサポート、そして愛を頂いているので、謝辞を書くときにはいつも頭を悩ませてしまいます。クリスティーナ、クリス、チャーリー、マーカス、ブランドン、イズィー、ミリー。あり得ないくらいの過密スケジュールの中で、僕たちが正気を失わずに本書に取り組めたのは、言うまでもなくみんなの笑いと愛に包まれていたおかげです。

サンティーノへ——今回の挑戦をさらに特別なものにしてくれてありがとう。赤ちゃんを連れて撮影にのぞむなんて、普通なら不可能だと思うのに、君はみんなが泣きたい状況でも笑顔を絶やさなかったね。君が撮影をさらに刺激的にしてくれたことは間違いありません！父のイアンへ——離れて暮らしていても、いつでもあなたの存在を感じています。文法的に不要な単語を省略するときには、常にあなたの顔が頭に浮かびます。ジョーへ——今回のようなプロジェクトで見せる君の愛情と手腕、そして献身的に犬たちを世話する姿勢に。アニマルトレーナーのディーン・ニコラス、エイドリアン・クリッチロウ、ブリオニー・ネイヴ、ヴェロニカ・スピンコワ、ローレン・ワッツ、アリソン・マーサー、エマ・リードリンガー、ケイト・マラトラット。それから、ハンナと愛猫のリバー、君たち最高だったよ！

プリムソル・プロダクションへ――アニマルトレーニングの現場のポジティブな雰囲気を、僕たちが遠く離れた多くの視聴者に届けるのに手を貸してくれたこと、いつも辛抱強く接してくれたことに感謝しています。

【著者紹介】
ジョー＝ロージー・ハフェンデン／ナンド・ブラウン
アニマルトレーナーとして25年以上の経験を持ち、イギリスのテレビ番組『Teach My Pet to Do That』（ITV）と、『Rescue Dog to Super Dog』（チャンネル4）に専門家としてレギュラー出演している。これまでに5万匹以上の犬とその飼い主のトレーニングに携わり、現在はドッグトレーナーを目指す人のための学校『The School of Canine Science』を運営している。

猫にもできる
超簡単トレーニング

2019年8月26日　初版第1刷発行

著者　ジョー＝ロージー・ハフェンデン
&ナンド・ブラウン
訳者　川口富美子
発行者　澤井聖一
発行所　株式会社エクスナレッジ
〒106-0032 東京都港区六本木7-2-26
http://www.xknowledge.co.jp/

問い合わせ先
編集　Tel 03-3403-5898 / Fax 03-3403-0582
info@xknowledge.co.jp
販売　Tel 03-3403-1321
Fax 03-3403-1829

無断転載の禁止
本書の内容（本文、写真、図表、イラスト等）を、当社および著作権者の承諾なしに無断で転載（翻訳、複写、データベースへの入力、インターネットでの掲載等）することを禁じます。